外套裁剪筆記
附女裝乙級檢定實物紙型

夏士敏 著

五南圖書出版公司 印行

自序　作中學

　　外套所使用的主副料多樣化，因應成品品質要求與價格定位，內部的製作細節自有差異。對學習者而言，服裝製作沒有絕對正確的標準方法，自己有把握且熟練的作法就是好的方法。欲通過技術士技能檢定服裝製作職類術科測試須經過多次的習作，一方面精進製作技術，另一方面掌握製作時間與細節。若能再變化款式進行練習，感受服裝版型設計的樂趣，可將重複製作過程變得有趣。

　　本書以服裝製作職類女裝乙級術科測試的三件翻開領型外套款式為範例，圖解說明不同款式外套的打版裁剪基礎概念，重點提示外套縫製的要點。將書中技巧組合運用以進行版型設計，可製作多樣化款式的外套，隨書附錄使用新文化原型打版的外套原寸實物版型，提供讀者自修習作使用。希望能幫助讀者清晰地理解和掌握外套縫製前置作業，亦可應用在外套裁剪實務。

　　這本書是我的教學筆記，未能詳盡之處，敬祈各方不吝指正。

夏士敏

2024 年 4 月 7 日

CONTENTS

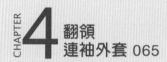

CHAPTER 4 翻領連袖外套 065

圖目錄

1

外套基本概念

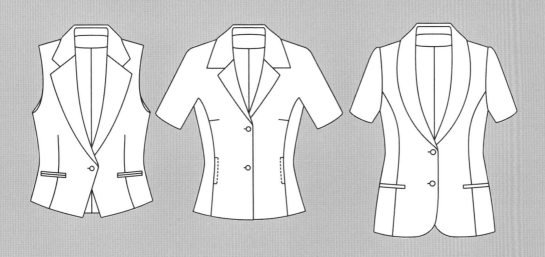

外套為穿在襯衫之外的外著，打版首要確立衣長長度與三圍尺寸，裁剪版型區分有表布版、裡布版與襯布版，裁剪工序比單層的襯衫繁複。

一、翻開領型的種類

翻開領型常用於外套款式，領片從後頸貼著脖子繞至前肩，再沿著前衣襟形成翻開的形態，由圍繞頸部的上片領與從衣身前襟延續的下片領組合構成，上下領片接縫線處的缺口稱為刻口。領型根據前開襟 V 形的長短、下片領的寬度、刻口的角度形狀與位置、穿著時的前中心重疊份為雙排釦或單排釦等要素，呈現出不同的外觀與設計感。

翻開領型依外形變化，有國民領、西裝領、絲瓜領、劍領等樣式，其構成原理都是相同的，打版時領片需連著前衣身同時製圖，以第一顆釦子位置為領折止點（圖 1-1）。國民領領折止點高、下片領短窄，常用於襯衫。西裝領領折止點低、下片領片長寬，常用於外套。絲瓜領沒有刻口與剪接線，是完整一片領由後身直接翻折到前身，外緣為圓弧形的領型，常搭配軟質布料，應用於男性禮服或女性化的服飾。劍領是在下片領刻口處呈尖銳角度形狀的領型，常搭配雙排釦設計，應用於帥氣男性化的服飾。

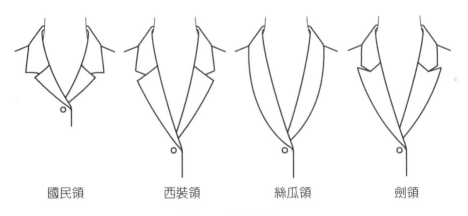

國民領　　　　西裝領　　　　絲瓜領　　　　劍領

圖 1-1　翻開領型

二、表布應用

外套的用布要以設計款式、穿著時之用途、個人喜好等因素,作為材質成分、色彩、織紋、花樣的選擇參考。樣式複雜的外套應使用單純的材質,樣式簡潔的外套可在材質上求變化[1]。

準備外套用布須了解用布量的計算,在購置布料前應先預估用布的長度,避免造成布料與金錢的浪費。布料的幅寬對用布量計算有很大的影響,布幅寬度分為單幅布與雙幅布:棉麻布料多為單幅布,寬度為 72cm～110cm;羊毛料布料多為雙幅布,寬度為 144cm～150cm。以外套衣長與袖長尺寸,粗估衣長縫份 8cm、袖長縫份 6cm、領子份量 30cm,計算表布用布量:

布幅寬110cm用布量為「(衣長+縫份)×2+(袖長+縫份)+領子份量」。

布幅寬 144cm 用布量為「(衣長+縫份)+(袖長+縫份)+領子份量」。

縫份的預估份量以「外套在製作過程中是否要試穿?」、「布料是否容易毛邊?」為考量,需要試穿或裁邊易毛邊時都應多留縫份。特殊的布料例如有圖案方向的花紋布、有光澤方向差異的布料、有毛腳方向的毛絨布、必須對正花樣或格子的布料……不能倒插裁剪,用布量要比計算所得的用量多估 10%～20%。

購買布料需將計算所得的用布量換算為布商所使用的單位,台灣布料零售市場使用台尺(1 台尺 = 30cm),不足 1 台尺的長度必須裁剪整尺,例如 20cm 長的布也須剪 1 尺長度。有些零售商販售雙幅布與單幅布會採用不同的裁剪長度,同樣購買 1 尺布料,單幅布裁剪長度為 30cm,雙幅布裁剪長度只有 15cm。因為單幅布寬 72cm、長 30cm,與雙幅布寬 144cm、長 15cm,兩塊布料面積是相同的,所以雙幅布料裁剪長度為單幅布料裁剪長度的一半。

裁剪布料前可水洗預縮,或將布料噴溼以蒸氣熨斗熨燙進行整布。整布是將布紋整燙為經、緯紗線達成垂直狀態,若布邊太緊有造成牽吊,可將布邊裁掉或剪

---

[1] 「單元 1 外套基本概念」引用自《一點就通的服裝版型筆記》,夏士敏著,內容探討服裝打版的基本理論與裁剪技術圖解,爲提供給初學入門者的自習書,2021 年由台北五南出版社出版。

幾刀斷開布邊。布料整燙為保持裁片平整不變形，熨斗移動時應依布紋直橫方向熨燙。容易摩擦發亮或出現燙痕的布料，要使用墊布熨燙。蒸氣熨斗溫度不足時，放蒸氣會變成出水，應小心避免水漬汙染。

三、裡布應用

外套製作裡布可保持表布外觀的輪廓並方便穿脫，全裡縫製方式可將襯布與表布縫份毛邊全遮藏於裡布之內（圖1-2）。

全裡

身裡
袖不上裡

圖 1-2　外套上裡

裡布配合表布選擇，參照表布的厚度決定裡布的厚薄。材質以親肌膚、吸溼性與透氣性佳、無靜電問題且耐摩擦、耐清洗、不褪色為考量。裡布顏色一般使用與

表布同色系且素色無花紋的，白色表布選用不會透露出身體輪廓的乳白色裡布優於易透露出模糊身體輪廓的白色裡布，或視覺上可表現出外觀清潔感的膚色裡布。裡布的用布量計算：

　　布幅寬 110cm 用布量為「（衣長＋縫份）×2 ＋（袖長＋縫份）」。

　　布幅寬 144cm 用布量為「（衣長＋縫份）＋（袖長＋縫份）」。

　　為避免布邊太緊造成牽吊，裁剪前先將布邊剪刀口後撕掉，以撕開方式粗裁平織的裡布，經緯紗由同一處斷裂可維持布紋方向的精準性。極柔軟輕薄的裡布不易裁剪，為使裁剪時布紋穩定，可將裡布依使用長度粗裁，再固定於紙型細裁。裡布整布以中溫 120℃～160℃溫度熨燙。車縫時容易皺縮的材質要減低縫紉機壓腳壓力、放鬆車線張力，可在裡布下方墊薄紙同車。

四、黏著襯應用

　　黏著襯選擇錯誤會使表布貼襯後質感變硬，襯布的選擇以基布與黏著膠的材質種類考慮：平織襯使用最廣泛，燙貼後可使表布強度安定；針織襯易與表布合而為一，不僵硬，可當作正面的襯；不織布襯沒有布紋、質輕、單價低，但缺乏彈性、洗滌易脫落，不耐用。

　　外套貼襯的部位依需求的效果決定，前衣身與領為做出輪廓形態的挺度，全面貼滿襯選擇針織厚襯，裁剪布紋與表布相同。後背、貼邊、口袋口、衣襬與袖口……要增加布料的安定性，局部貼襯選擇薄襯，裁剪正斜布紋有較佳的拉伸適應性。襯的用布量計算：

　　厚襯用布量為「前衣長＋縫份」；薄襯用布量為「前衣長 ×1.5」。

　　不細分厚薄使用同一款襯，用布量為「前衣長 ×1.5」。

　　布邊的黏著膠較少且有厚度不平整的問題，裁剪時應閃過布邊或裁掉不用。含縫份的襯依照表布裁片裁剪，可以在車縫時固定襯的縫份，但會增加成品縫份處的厚度。不含縫份的襯依照紙型完成線裁剪，可避免成品縫份處的厚度，但車縫時無法將襯固定，若黏著膠材質不佳，日後清洗便易脫落。

燙襯的要點（圖 1-3）：

1. 表布與襯布之間的線屑、雜質要去除乾淨，燙襯時襯布略放鬆，燙貼後襯的表面須平整。如果不慎貼錯襯，將襯硬扯撕下會使表布變形，應重複熨燙增溫，再趁熱將襯撕下，撕下的襯膠已損壞，不可再重複使用。

2. 防縮：毛料會因加熱而尺寸略縮，全面貼滿襯的裁片可多留縫份先粗裁，防止裁片燙縮而尺寸變小。黏著襯可直接依表布裁片的大小裁剪，但是不能便宜行事地將表布裁片燙貼在整片未裁的襯上，因為襯布大於表布裁片時，黏著膠會沾汙燙斗與燙台。

3. 墊布：使用退漿的胚布或白棉布為墊布，避免黏著劑滲出而沾汙熨斗。

4. 溫度：先以蒸氣熨燙 1～2 秒之後進行乾燙，黏著劑遇蒸氣較易溶解與黏著。設定中溫 120℃～160℃，溫度太高會使黏著膠滲出，也易燙傷表布；溫度太低易造成黏貼不牢，使表布呈現氣泡狀。

5. 壓力：為保持裁片平整不變形，熨斗略施重壓以壓燙方式燙襯，熨斗移動時應將熨斗提起，不可用推動的方式。熨斗面積要重複已燙過位置的一半，確保熨燙沒有空隙，裁片每部分皆需平均施加溫度與壓力。

6. 時間：壓燙約 7～15 秒，一般布料以 10 秒為基準，厚布燙襯的時間較長。時間太短會黏貼不牢，時間太長易造成燙痕。

由中間開始向兩端熨燙

① 裁片粗裁預防燙縮
② 墊布熨燙
③ 熨斗放少許蒸氣後乾燙
④ 熨斗壓燙面積重疊
⑤ 熨斗稍作停留再挪動
⑥ 降溫後才能摺疊裁片

圖 1-3　燙襯要點

7. 冷卻：裁片剛燙襯後還有熱度，摺疊易形成皺褶燙痕，應保持裁片平整狀態，靜置待熱氣散發後降溫轉涼。

五、量身基準

依據版型製圖所需尺寸來進行量身，須設定量身部位的基準點（圖 1-4）。製圖時會以量身部位的英文名稱縮寫，標示所繪製基礎架構線代表的位置。

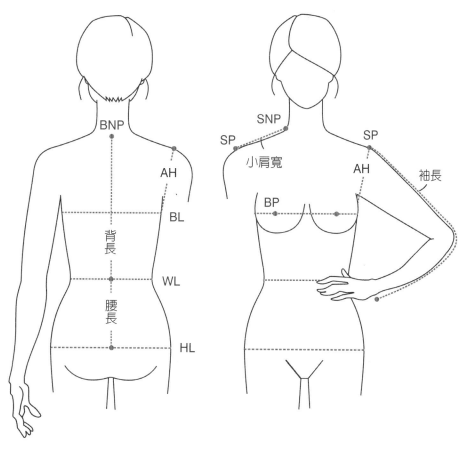

圖 1-4　量身基準點

縮寫代號	量身部位與基準點		縮寫代號	量身部位與基準點	
BP	Bust Point	乳尖點	SP	Shoulder Point	肩點
BL	Bust Line	胸圍線	SNP	Side Neck Point	頸側點
WL	Waist Line	腰圍線	BNP	Back Neck Point	後中心點
HL	Hip Line	臀圍線	AH	Arm Hole	袖襱

六、製圖符號

製圖時會標示簡單的符號，區別繪製線條的意義或拆版、裁剪縫製時應使用的方法，製圖符號的應用參考圖 1-5、圖 1-6 簡要說明。

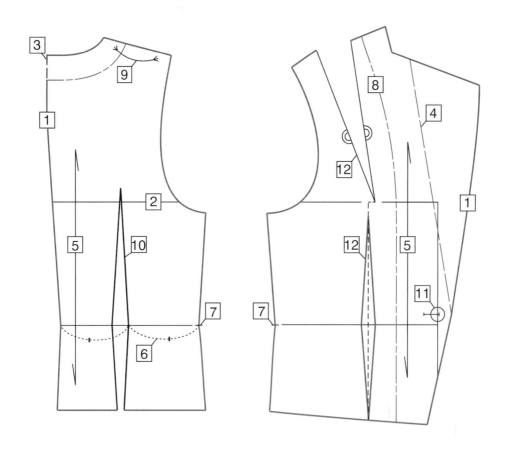

1	———————	完成輪廓線　版型的完成線條，以粗線或色線表示。
2	———————	製圖基準線　製圖的基本線條，以細線表示。
3	— — — — —	裁剪折雙線　裁剪時，紙型對著布料雙層折邊的線。
4	—— — ——	領折線　整燙時，領片翻折的線。
5	⟵—————	布紋記號　紙型依箭頭方向與經紗平行裁布。

圖 1-5　製圖符號標示

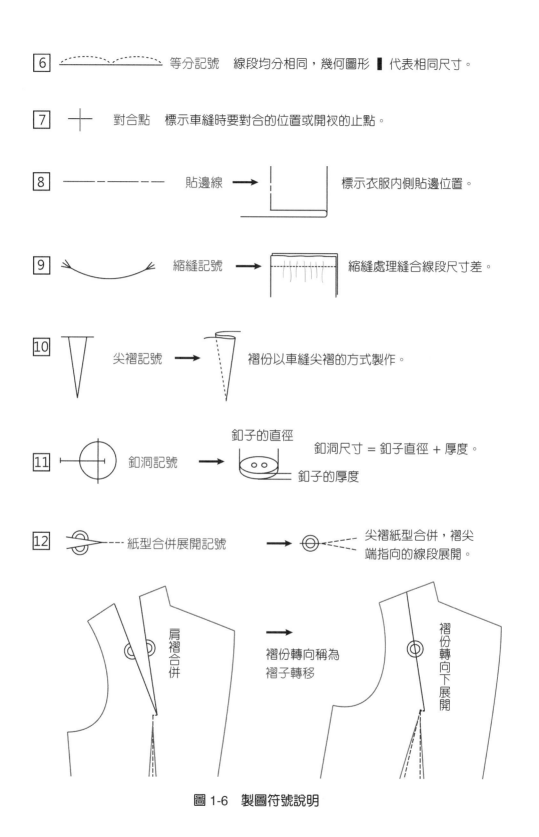

6　等分記號　線段均分相同，幾何圖形 ▌ 代表相同尺寸。

7　對合點　標示車縫時要對合的位置或開衩的止點。

8　貼邊線　→　標示衣服內側貼邊位置。

9　縮縫記號　→　縮縫處理縫合線段尺寸差。

10　尖褶記號　→　褶份以車縫尖褶的方式製作。

11　釦洞記號　→　釦子的直徑　釦洞尺寸 = 釦子直徑 + 厚度。　釦子的厚度

12　紙型合併展開記號　→　尖褶紙型合併，褶尖端指向的線段展開。

肩褶合併　褶份轉向稱為褶子轉移　褶份轉向下展開

圖 1-6　製圖符號說明

七、新文化式原型（成人女子用原型）

基礎架構

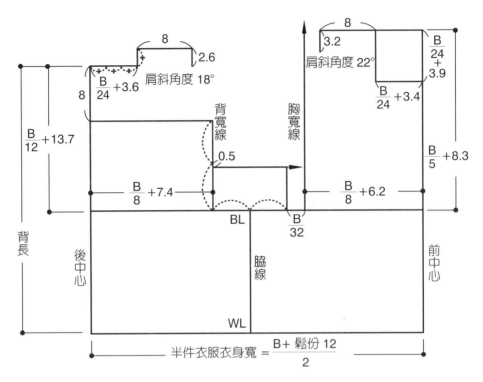

輪廓線

先畫出前肩線，前肩尺寸加肩褶寬度為後肩尺寸

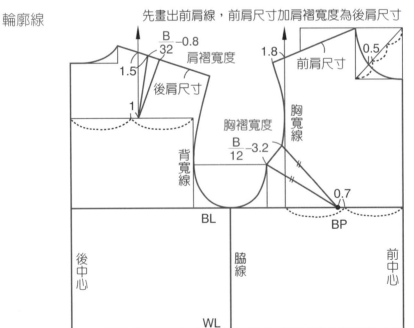

圖 1-7　新文化式原型製圖

八、版型核對

　　以現成的紙型製作衣服，應先確認完成尺寸肩寬、三圍、衣長是否合適。檢查紙型尺寸與線條弧度預作訂正、每片紙型的布紋記號、裁片位置名稱與裁片數皆需清楚標明。

1. 相縫合線段的尺寸等長：相縫合的剪接線、前後脇線、前後肩線、衣領接縫線、袖脇線……以紙型比對線段長度是否等長。

2. 相縫合裁片的弧度順暢：肩線合併後的領圍與袖襱、脇線合併後的袖襱與衣襱、袖脇線合併後的袖襱與袖口……將紙型合併修訂縫合線段為無角度順線。

3. 剪牙口做對合記號防止縫合誤差：領片 BNP 與 SNP 對合點、前身與前貼邊刻口上領止點、身片 BL 與 WL 對合點、上袖 AH 對合點、貼邊與裡布縫合點……剪牙口深度約 0.3cm（圖 1-8）。

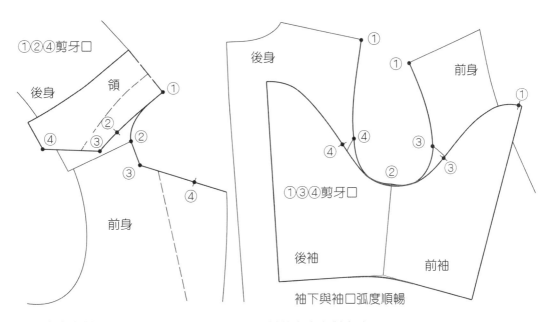

領片與衣身對合點：
①領 BNP 與衣身後中心
②領 SNP 與衣身肩線
③領片與衣身轉角點
④領片與衣身刻口上領止點

袖片與衣身對合點：
①袖山與衣身肩線
②袖下與衣身脇線
③前袖 AH 與前身剪接線
④後袖 AH 與後身剪接線

圖 1-8　版型對合

九、縫份畫法

　　實版版型不含縫份，裁剪時在布上畫縫份寬度，能精準掌握車縫完成線，版型設計變化款式與尺寸放縮皆使用實版。虛版版型含縫份，製圖拆版時在紙型上畫縫份寬度，能精準掌握用布量，裁剪時在布上預排挪移紙型位置後，可直接裁布比較快速方便。

1. 縫份線要平行完成線：採用實版裁布畫縫份不用繪製完成線，燙完襯才依需求在裁片上畫完成線。成衣要求製作速度採用虛版，裁片不畫完成線，以定規、牙口記號、襯的邊線、線釘……為車縫依據。

2. 相縫合的線段留一樣的縫份：前後剪接線與衣領接縫線 1cm，前後脇線、肩線、袖下線 1.5cm，要縫合的兩側縫份寬度相同，可直接對齊裁邊車縫。

3. 衣襬與袖口縫份要摺疊完成線裁剪：有斜度的裁片線條延伸時，上下會產生寬度差距，衣襬與袖口縫份摺疊完成線裁剪尺寸才會相符（圖 1-11）。

4. 表裡衣襬縫份：表布衣襬縫份 4cm、裡布衣襬縫份 2cm，衣襬縫合直接對齊裁邊車縫 1cm。裡布衣襬留出反折的鬆份量，防止衣襬出現牽吊（圖 1-9）。

5. 領片與前襟縫份追加：翻開領型的領片翻折捲度會造成表裡領內外差，使外層大內層小，表領外圍追加 0.2cm 布料厚度，領折線追加 0.2cm 翻折份量。前襟正面不能顯現接縫線，領折止點以下前身追加 0.2cm，為接縫線推入貼邊側的份量；領折止點以上前貼邊追加 0.2cm，為接縫線推入身片側的份量。貼邊衣襬處長度追加 0.2cm 鬆份，避免正面出現牽吊痕跡（圖 1-10）。

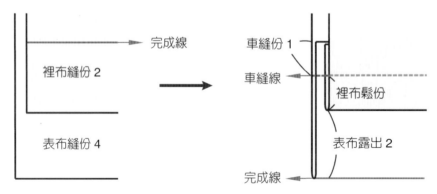

圖 1-9　表裡衣襬的完成狀態

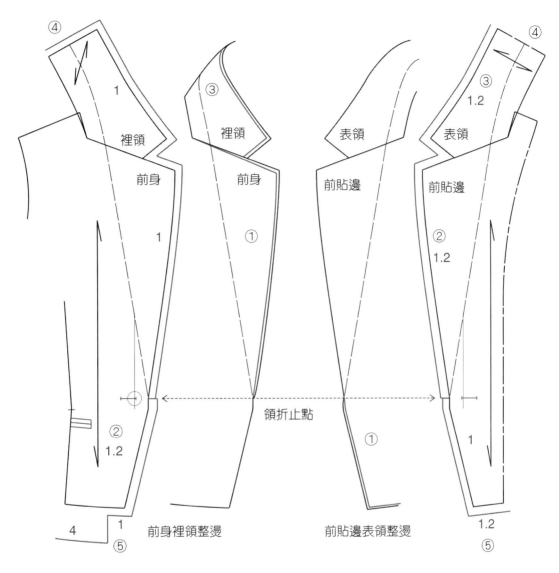

前身接縫裡領：
①領折止點以上縫線推入前身
②領折止點以下追加 0.2cm 縫份
③領外圍縫線推向裡領
④裡領後中心取正斜布紋裁開
⑤前襟衣襬縫份剪小避免厚度

前貼邊接縫表領：
①領折止點以下縫線推入貼邊
②領折止點以上追加 0.2cm 縫份
③表領外圍追加 0.2cm 縫份
④表領後中心取直布紋折雙
⑤前貼邊衣襬追加 0.2cm 直向鬆份

圖 1-10　翻開領型的整燙

6. 角度縫份：身片與脇片的派內爾剪接線呈現反向弧度，若依剪接線弧度延伸取縫份角度，會導致縫份點（黑點）對合、完成點（紅點）尺寸誤差。反向弧度的縫合線段必須維持縫份寬度與長度相同，角度縫份需畫平行四邊形確保接縫起點處的尺寸相同，縫份和縫份交接處剪牙口記號，直接對齊裁邊以牙口對牙口車縫才會快速且正確（圖 1-11）。

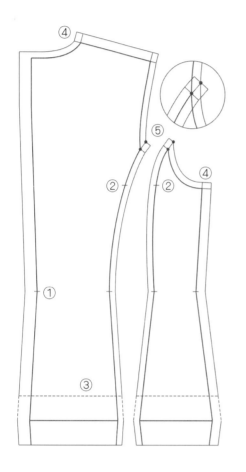
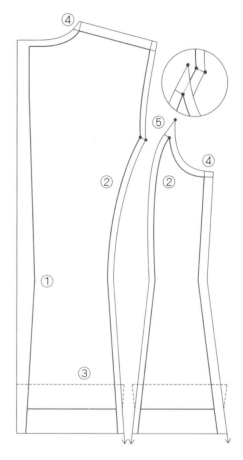

正確畫法：
①縫份相同與完成線平行
②弧線縫份做牙口記號
③衣襬反折裁剪
④弧度縫份畫平行四邊形
⑤縫合點與完成線皆對齊

錯誤畫法：
①縫份不同與完成線不一致
②反向弧線未做牙口記號
③衣襬延伸使裁剪尺寸變大
④弧度延伸使裁剪尺寸變小
⑤縫合點對齊使完成線錯位

圖 1-11　角度縫份畫法

十、裁剪要點

1. 紙型裁剪完成線外緣，並預先做好對合記號。

2. 排布前先整布，蒸氣熨斗溫度不足時，不可放蒸氣，以避免出水形成汙漬。

3. 布料折雙排布，上下兩層需平整，排布確認大裁片都可排下才能裁剪。長度相似的裁片排在同列，前、後片與前貼邊並列先裁，後貼邊、領片與口袋小裁片利用空隙碎料裁剪。

4. 排布時若因裁片縫份小邊角重疊些微差距排不下，在完成線不受影響的情況下，為節省用布仍可排下，只要依完成線車縫就不會影響成品尺寸。

5. 特殊布料不可倒插裁剪，例如有圖案方向的花紋布、有光澤方向差異的布料、有毛腳方向的毛絨布、不對稱的格子布……需同一方向排布。裡布、襯布沒有毛向或光澤的方向差異性，可以採用倒插排布方式節省用布量。

6. 全面貼滿襯的裁片表布與襯布布紋、縫份皆相同，可先粗裁燙完襯後再細裁，確保裁片不會因燙縮導致尺寸變小。

7. 表布、裡布與襯布縫份相同處可以多層一起裁剪，或以含縫份的表布裁片為基準比對裁剪裡布與襯布。

8. 前身襯、背襯為強化輪廓形態，採用與表布相同的布紋；衣襬襯需要拉伸適應性，採用正斜布紋；裡領腰與下片領貼增襯為強化造型挺度，採用直布紋。

9. 以無彈性布襯裁剪成為 1cm 寬直布條的牽條，可防止裁片拉伸變形。

10. 外套以前身與領片為貼襯重點，若準備的襯不夠用時，可簡化貼襯布部位，不可以小塊碎襯拼湊貼襯。前身可不貼滿襯（圖 2-11），後背與前脇片增強領圍與袖襬重點部位即可，布紋穩定的材質亦可省略增襯與牽條。

11. 表布與裡布的褶線、表布口袋與釦洞位置，可多層裁片一起做線釘記號。

12. 使用粉片或消失筆做記號，不能顯露於表面。粉片記號外露，可以拍掉或稍微用水沾溼刷掉。部分深色裡布使用魔擦筆畫線，熨燙時會使裡布褪色出現白色的線痕，應小心使用，不能影響成品外觀。

13. 裁剪作業時養成習慣隨手將裁下丟棄的碎布料置於垃圾袋中，維持工作場域的整潔。作品完成後才丟棄整袋碎布料，以防製作中需更換做錯裁片或重剪遺失小裁片的意外狀況。

十一、縫製要點

　　外套製作依據材質的特性與成品的品質要求，有不同的處理作法。以下提示各種款式上裡外套皆適用的縫製概念，作為縫製前的重點複習。

1. 車縫作業時養成習慣隨手修剪線頭，成品外觀不可有線屑、粉片記號或水痕汙漬。

2. 依成品要求決定製作方法，以裡領說明製作的差異：領腰燙增襯與牽條，可塑形立體挺度，但需車縫固定線增加工序並使外觀多了固定線跡；領腰不燙增襯與牽條，可簡化工序且外觀簡潔，但依賴整燙塑形的立體度無法持久。

3. 車縫針目為 1cm 約 4～5 針，回針 0.5cm 約 2 針，厚布針目大、薄布針目小。車縫釦洞與口袋口車縫小針目，防止布料剪口綻開。袖山縮縫車縫大針目，才能拉動縫線皺縮。

4. 小裁片需車縫處皆完成，再進行大裁片的接縫，避免大面積處理小細節，在縫紉機台操作處理不易。例如：右前身車縫釦洞後，才縫合派內爾線製作口袋，口袋完成後才縫合前後肩線。

5. 為提高工作效率，可在小裁片車縫完成後，再集中整燙。例如：右前身車縫釦洞、身片車縫腰褶、後身中心線縫合……才進行一次整燙工序。

6. 外套釘縫鈕釦與釦腳：以車縫線雙線縫 4～5 圈，鈕釦縫於左前衣身，釦腳長度為前身片與貼邊的厚度，貼邊側可縫力釦。

　　表布車縫

7. 裁片接縫時需縮縫的裁片放在下方，利用縫紉機送布齒的推送吃針。接縫時需縮縫的裁片放在上方，可利用錐子推送上層布料。下列敘述裁片上下層放置為常用方法建議，實際車縫仍應以自己順手的方式製作為佳。

8. 派內爾線縫合：對合 WL 位置，前後身片在下、脅片在上，由衣襬往袖襬方向車縫。縫份燙開時，前後身片縫份剪牙口、脅片縫份燙縮不剪牙口。

9. 肩線縫合：對合 SP 與 SNP 位置，後肩在下、前肩在上，由 SNP 往 SP 方向車縫，後肩稍吃針縮縫，SNP 為車縫回針點、領圍縫份不車縫。

10. 表布縫份燙開，縫份兩端修剪斜角可減少厚度。縫份若有牽扯可適度剪牙口，

牙口深度以能將縫份燙平整即可，不宜剪過深造成破洞。

裡布車縫

11. 裡布縫份燙倒單邊，肩與脇縫份倒向後身，後中心縫份倒向右（圖 1-12）。

12. 裡布尖褶份倒向可與表布倒向相反，分攤尖褶份的厚度。例如：表布胸褶份倒向上，裡布胸褶份倒向下；表布腰褶份倒向中心，裡布腰褶份倒向脇。

13. 裡布後中鬆份：後中心 WL 以上、車縫完成線外 1.2cm，整燙時燙出完成線，使後身留有背寬處伸展活動量。

14. 裡布接縫線鬆份：車縫完成線外 0.2cm，整燙時燙出完成線，使接縫線皆留有鬆份量。完成線先以手縫大針疏縫，比較容易整燙，整燙後再拆掉疏縫線。

15. 裡布衣襬鬆份：裡布衣襬留有防止衣襬出現牽吊的反折鬆份量（圖 1-9），在後開衩止點與表布衣身需有 0.5～1cm 直向垂墜鬆份量。

表裡縫合

16. 表布貼邊與裡布衣身縫合：對合後中心線、肩線、貼邊線對合記號位置，貼邊在下、裡布在上，裡布凸處稍縮縫、凹處稍拉伸，前中心衣襬處車至距衣襬完成線前 3cm 處回針，縫份倒向裡布。

17. 前中心衣襬處表布縫份剪牙口燙倒向貼邊，折入 1cm，車縫 0.1cm（圖 1-12）。

18. 表裡衣襬縫份：從反面將表裡衣身衣襬正面裁邊相對車縫 1cm。表衣身衣襬縫份 4cm 含折份、裡衣身衣襬縫份 2cm 含鬆份，車縫份只有 1cm（圖 1-9）。

19. 表裡衣襬縫合：分別從兩端前貼邊線回針點開始車向後片，在後身後中心線與脇邊線之間留返口約 10cm（圖 1-13）。返口錯開後中心線與脇邊線，手縫封口時就不會碰到縫份厚度。

20. 表裡縫份固定：內脇縫份 WL 上下 5cm 車縫固定，或以裡布裁成 2cm 寬、5cm 長的直布條連結表裡縫份。袖襱縫份在 SP 左右 4cm 車縫固定，若有肩墊應從表裡兩面各自手縫固定，保持肩墊厚度。袖下縫份從內側在脇線左右 3cm 車縫固定，車縫時裡布在下、表布在上；袖下縫份外側以星止縫固定（圖 4-18）。衣襬、袖口以車縫線單線與襻挑針手縫固定，正面不可有固定針跡與線痕。

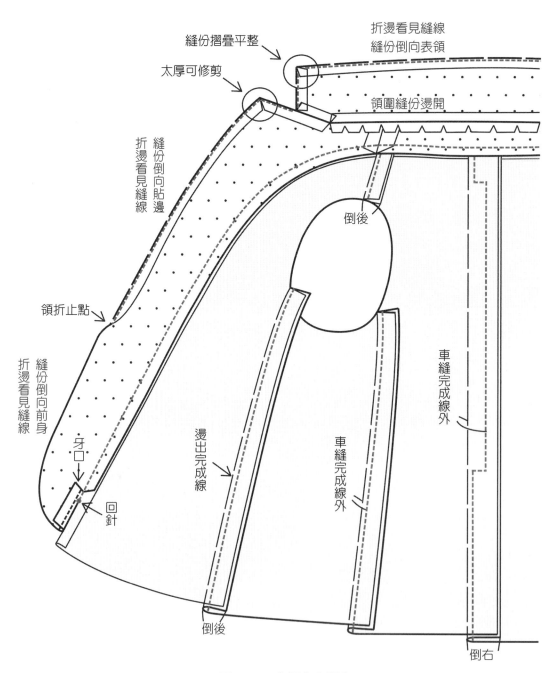

縫份摺疊平整

太厚可修剪

折燙看見縫線 縫份倒向表領

領圍縫份燙開

縫份倒向貼邊 折燙看見縫線

倒後

領折止點

縫份倒向前身 折燙看見縫線

燙出完成線

車縫完成線外

車縫完成線外

牙口

回針

倒後

倒右

圖 1-12　表裡衣身縫合

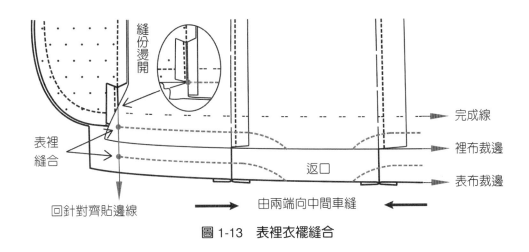

圖 1-13　表裡衣襬縫合

十二、整燙要點

1. 製作過程中使用蒸氣熨燙，趁裁片含有熱氣殘留時，可利用大理石壓平，或配合吸風燙馬急速冷卻定型。

2. 熨斗溫度太高時，表布接觸熨斗容易產生發亮的現象，應隔著墊布熨燙。蒸氣熨斗溫度不足時，放蒸氣會變成出水，要避免在過度潮溼狀態下整燙。

3. 使用燙馬輔助燙出後肩、領型、胸腰線之立體感，不可在整燙過程中將立體的服裝燙成平面狀態。

4. 領型從反面折燙內部縫份（圖 1-12）：表裡領外圍縫份從表領側整燙，沿完成縫線折燙縫份倒向表領。身片領折止點以上、下片領縫份從貼邊側整燙，沿完成縫線折燙縫份倒向貼邊。身片領折止點以下、前襟縫份從表衣身側整燙，沿完成縫線折燙縫份倒向表衣身。

5. 領型從正面推燙接縫線（圖 1-10）：領片從裡領側整燙，將領外圍接縫線推向裡領。身片領折止點以上、下片領從表衣身側整燙，將接縫線推向表衣身。身片領折止點以下、前襟從貼邊側整燙，將接縫線推向貼邊。

6. 翻領型領折線不能用力壓燙，若燙出折痕會使領型顯得平坦呆板。口袋處用力壓燙會留下厚度燙痕，可墊厚紙板熨燙。

7. 完成作品整燙是補強製作過程中熨燙不足處，整燙後衣服若有熱氣、蒸氣殘留時，應直接穿掛於人檯上等待冷卻以保持平整。

2

西裝領背心

 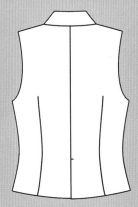

西裝領背心款式：全裡製作，前後身取腰褶線，前身做雙滾邊口袋，後中心衣襬做開衩處理，前襟疊合與後開衩疊合方向為穿著者的右身蓋左身。右前中車縫一個玉緣釦洞、左前中縫釦。

一、用布量

1. 用布量預估以本書所附實物紙型尺寸為範例，與檢定考試所給予的紙型非完全一致，若依自己體型尺寸繪圖，可參酌排版圖自行增減。
2. 用布使用雙幅 4.8 尺布幅寬度 (144cm)，表布長度 3 尺 (90cm)、裡布長度 2 尺 (60cm)、襯布長度 2.5 尺 (75cm)。

二、原型褶轉移

1. 後身片肩褶分散為肩縮縫份與袖襱鬆份，是外套常用的褶子轉移處理方式。
2. 前身片胸褶先留出與後身片相同的袖襱鬆份後，再轉移至肩（圖 2-1）。

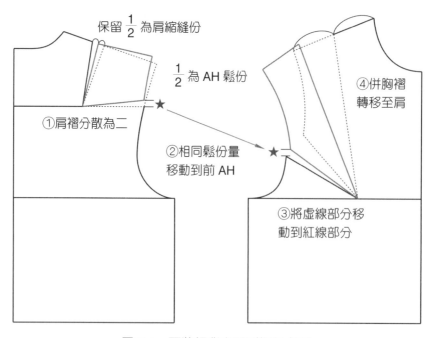

圖 2-1　西裝領背心原型褶份處理

三、版型製圖

1. 衣長前長後短，後原型腰下加長 12cm、前原型腰下加長 14cm（圖 2-2）。

2. 胸圍尺寸以原型為基礎，半件原型鬆份 6cm，整件背心胸圍鬆份量為 12cm，鬆份量可依設計款式需求自行調整。

3. 雙滾邊口袋位置參考衣服長度的比例放置於腰圍線下 1.5cm，口袋開口位置由前身片褶線往中心 3cm 定位。

4. 後中心線折雙處須維持一小段水平線，後貼邊與領裁片後中心不能出現角度。

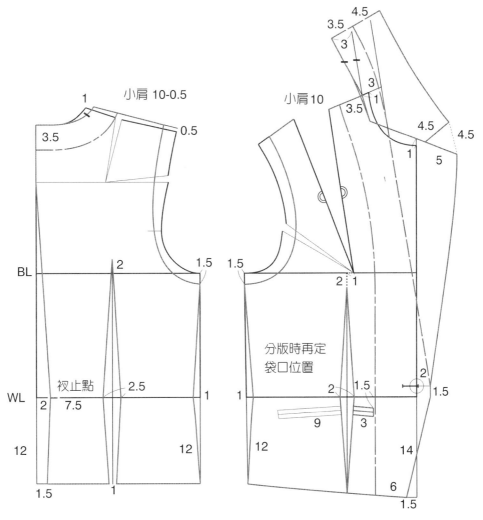

圖 2-2　西裝領背心製圖

5. 前身的肩褶合併轉移至衣襬展開，褶線長度要與 BP 點維持一定距離，讓衣服形態呈現比較緩和的弧度面（圖 2-3）。

6. 刻口上領止點、貼邊線與袖襱線需做車縫對合記號。

7. 紙型腰褶線合併成為完成狀態後，再將袋口線往脇方向直線延伸繪製口袋開口，尺寸長 12cm、寬 1.2cm，與腰圍線為視覺近似平行的線。袋布尺寸依據口袋開口尺寸裁剪，短版外套無法做深口袋，袋布長度距離衣襬線 2～3cm。

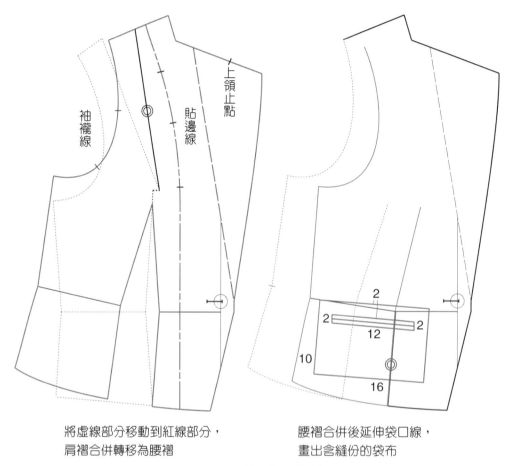

將虛線部分移動到紅線部分，
肩褶合併轉移為腰褶

腰褶合併後延伸袋口線，
畫出含縫份的袋布

圖 2-3　西裝領背心前身版

四、表布排版

　　表布版包含貼邊與裡領，虛線裁片可多留縫份粗裁（圖2-4）。袋布與袋口滾邊布尺寸依圖2-14製作方法設定，全裡包光製作不需要拷克車縫布邊。

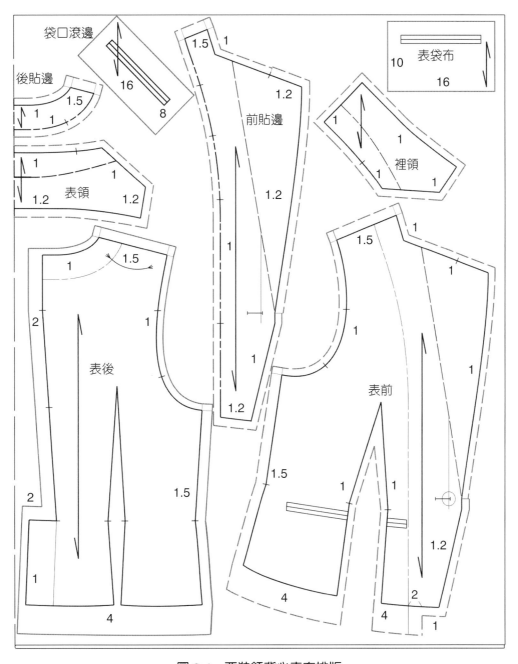

圖2-4　西裝領背心表布排版

五、裡布排版

　　裡布版為表布衣身版扣除貼邊後留縫份（圖 2-5），後開衩左右蓋別方向不同，裡布左右縫份亦不相同（圖 2-6），可在製作時確認後再修剪（圖 2-15）。

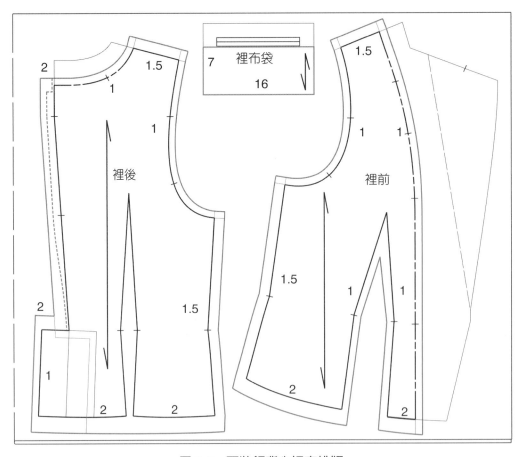

圖 2-5　西裝領背心裡布排版

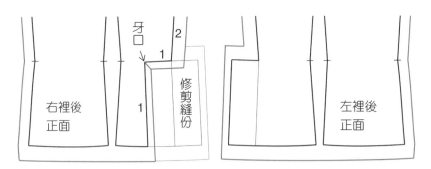

圖 2-6　外套後開衩裡布修剪

六、黏貼襯排版

襯布縫份未標示處與表布相同參考圖 2-4，裡領襯與領增襯依完成線裁剪不留縫份，細部尺寸與燙貼位置參考圖 2-8。

表布依布料厚度需求效果，以厚襯與薄襯搭配使用，可避免成品因為多層的襯顯得造型僵硬。表布布料若沒有厚度差，全部使用同一款可與之相當的薄襯即可，不需刻意區分襯布的厚薄（圖 2-7）。

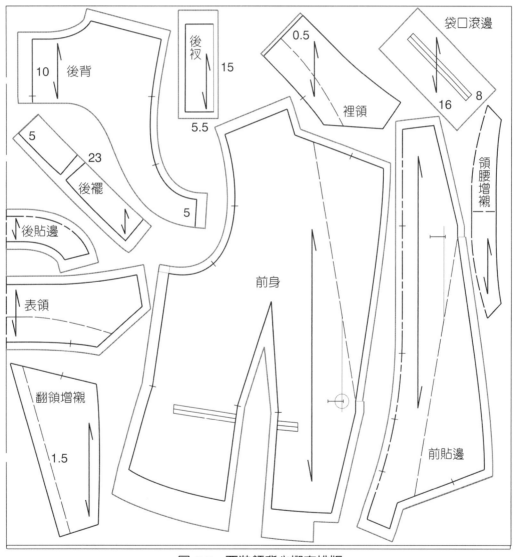

圖 2-7　西裝領背心襯布排版

七、黏貼襯位置

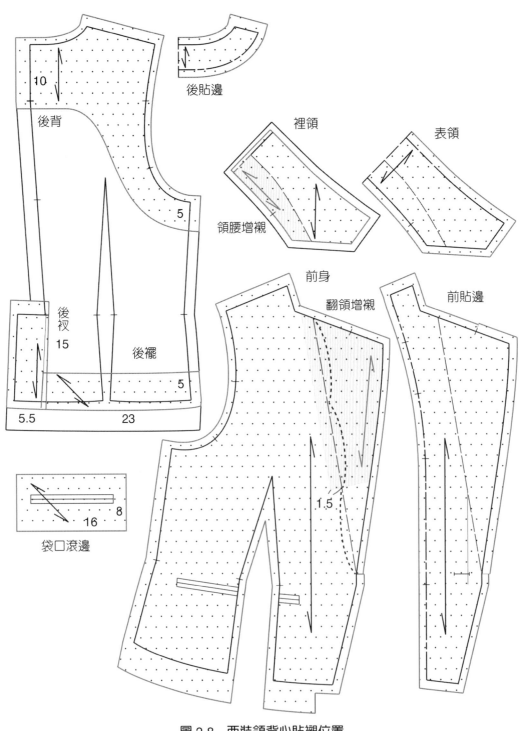

圖 2-8　西裝領背心貼襯位置

八、裡領片製作

　　裡領依布料材質、用布量、車縫工序，可選擇後中心裁雙或剪接。裡領燙貼不含縫份的正斜紋襯，細裁以領襯邊線為基準外加縫份，領襯邊線也是車縫領外圍完成線的依據（圖 2-9）。

1. 後中心折雙裁一片：領片面積大，較耗布，左右領尖布紋一邊為直紋、一邊為橫紋，處理不佳時易產生紋路扭曲，布紋穩定的材質則不受影響。後中心折雙裁剪不用做接縫處理，既可省略車縫工序，又可避免縫份厚度。
2. 後中心剪接裁兩片：領片面積小，省布易排版，後中心剪接左右領尖布紋才會相同，可避免不穩定材質的紋路扭曲。裡領裁片粗裁後，先車合後中心線將縫份燙開再貼襯，重疊燙襯壓平後中縫份、穩定縫份厚度。

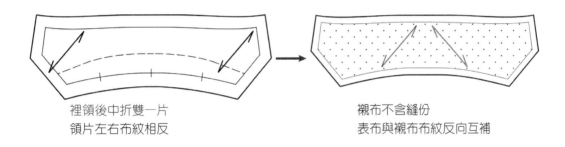

裡領後中折雙一片
領片左右布紋相反

襯布不含縫份
表布與襯布布紋反向互補

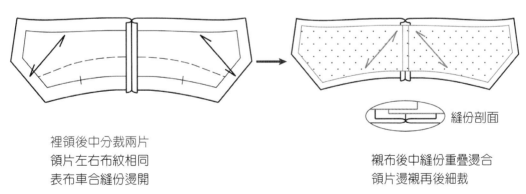

裡領後中分裁兩片
領片左右布紋相同
表布車合縫份燙開

縫份剖面

襯布後中縫份重疊燙合
領片燙襯再後細裁

圖 2-9　西裝裡領裁剪與貼襯

九、車縫順序

依照速縫工程進行製作，可提高工作效率（圖2-10）。

1. 前衣身、後衣身、上片領、內裡……各部位車縫工程完成，一次集中整燙。
2. 口袋、領型刻口、袖襱弧度……皆需左右對稱，核對成品與紙型尺寸相同，才能進行縫份修剪與整燙定型。
3. 釦洞與口袋開口、領型刻口、肩線SNP、貼邊表裡衣襱……車縫的回針點需準確，若車縫過頭將縫份縫住會導致角度無法平整翻出。
4. 縫份牙口剪太多縫份會破碎，剪太少縫份會牽吊，過與不及皆不佳。領圍、袖襱弧線處預剪的牙口間距約1cm，直線處的牙口間距約2cm，整燙時再針對不平整處補剪。

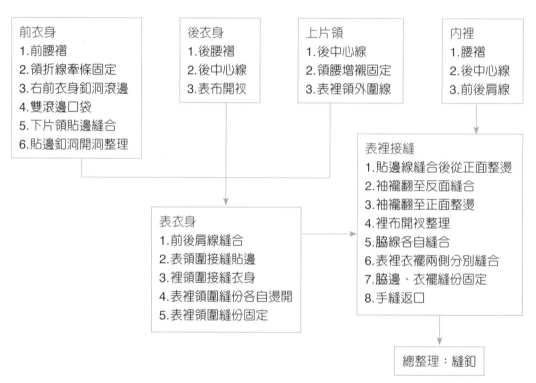

圖2-10　西裝領背心速縫工程

十、牽條位置

1. 牽條為無彈性的直紋襯,前身片前襟與領折線邊牽條固定效果好,領折線三分之二處牽條稍拉緊可做出服貼胸部曲線的形態(圖 2-11)。

2. 裡領領折線邊貼帶斜紋的襯布條,襯布條牽稍拉緊可做出領型翻折的形態。肩線、領圍、袖襱等……可視表布材質邊貼斜紋襯布條防止製作時部位尺寸的拉伸。

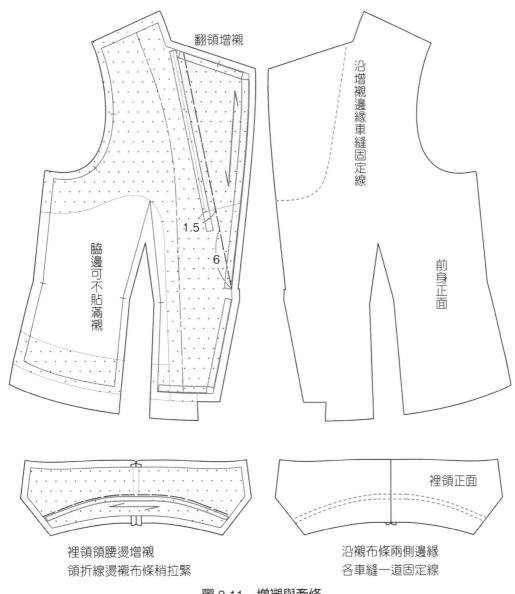

翻領增襯

沿增襯邊緣車縫固定線

脇邊可不貼滿襯

1.5

6

前身正面

裡領領腰燙增襯
領折線邊襯布條稍拉緊

沿襯布條兩側邊緣
各車縫一道固定線

裡領正面

圖 2-11　增襯與牽條

十一、車縫玉緣釦洞

有厚度的外套釦洞前端拉開孔眼，可穩定鈕釦釦腳，外套扣合後能保持平整。玉緣滾邊使用表布裁剪正斜紋燙貼正斜襯製作，右前衣身釦洞凸出中心線0.2cm、釦洞長度尺寸＝釦子直徑＋厚度、釦洞寬度0.4cm（圖1-6）。先製作右前衣身釦洞表層滾邊（圖2-12），西裝領車縫完成整燙成型後，確認貼邊開洞位置才製作裡層開洞（圖2-13）。

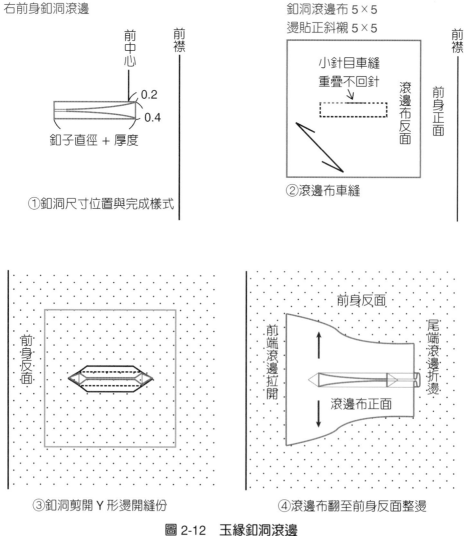

圖 2-12　玉緣釦洞滾邊

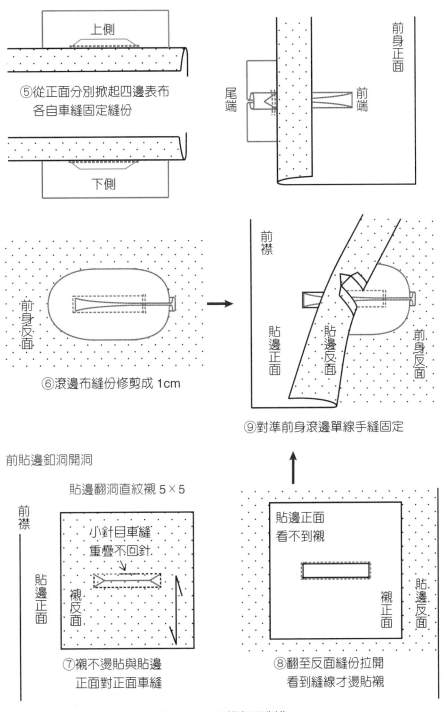

上側

⑤從正面分別掀起四邊表布
各自車縫固定縫份

下側

前身正面

尾端　　前端

前身反面

⑥滾邊布縫份修剪成 1cm

前襟

貼邊正面　貼邊反面　前身反面

⑨對準前身滾邊單線手縫固定

前貼邊鈕洞開洞

貼邊翻洞直紋襯 5×5

前襟

貼邊正面　襯反面

小針目車縫
重疊不回針

⑦襯不燙貼與貼邊
正面對正面車縫

貼邊正面
看不到襯

襯正面　貼邊反面

⑧翻至反面縫份拉開
看到縫線才燙貼襯

圖 2-13　玉緣鈕洞製作

十二、雙滾邊口袋製作

　　雙滾邊口袋採用一片滾邊布車縫後，剪開為兩片翻燙較易對齊（圖2-14）。袋口縫份固定處理方法類似玉緣釦洞，從正面確認袋口滾邊密合，掀開表布做內部縫份車縫固定，兩端縫份折燙整齊，袋口兩側角度才會漂亮。

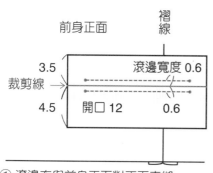

① 滾邊布與前身正面對正面車縫
② 小針目車縫兩端點回針
③ 車縫後才將滾邊布裁開為二片
　 不可剪到前身

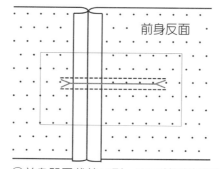

④ 前身單層裁剪 Y 形，不可剪到滾邊布

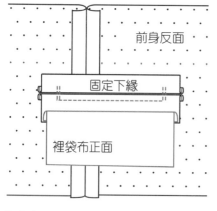

⑤ 滾邊布縫份燙開固定側邊與下緣
⑥ 滾邊布接縫裡袋布

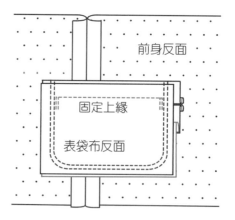

⑦ 滾邊布縫份燙開連同表袋布一起
　 固定側邊與上緣
⑧ 袋布車縫兩道圓角

圖 2-14　雙滾邊口袋製作

十三、後開衩製作

　　裡布在開衩止點以珠針固定留出 0.5～1cm 直向垂墜鬆份量後，確認位置再修剪裡布右身縫份（圖 2-6），依圖 2-15 比對開衩方向為右上左下。表布右襬車縫斜線剪接，表布左襬車縫直線剪接。表裡布縫合，左襬車縫直線，右襬車縫轉角。車縫回針點對準表裡縫份接縫線，不能將縫份縫住。

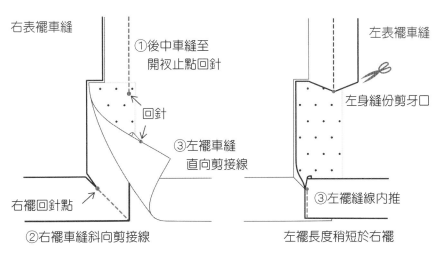

左表襬車縫
右表襬車縫
①後中車縫至開衩止點回針
回針
③左襬車縫直向剪接線
右襬回針點
②右襬車縫斜向剪接線

左身縫份剪牙口
③左襬縫線內推
左襬長度稍短於右襬

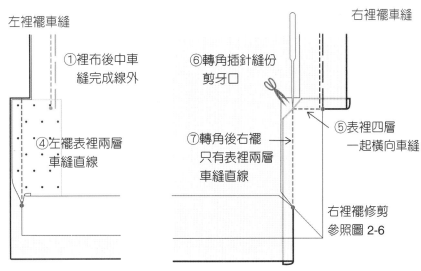

左裡襬車縫
①裡布後中車縫完成線外
④左襬表裡兩層車縫直線

右裡襬車縫
⑥轉角插針縫份剪牙口
⑤表裡四層一起橫向車縫
⑦轉角後右襬只有表裡兩層車縫直線
右裡襬修剪參照圖 2-6

圖 2-15　後開衩製作

十四、西裝領製作

1. 表裡領領外圍縫合：對合 BNP、領尖點與刻口接領止點，表領在下、裡領在上，從刻口接領止點退一針距離開始車縫領外圍線。表、裡領兩側縫份不同，直接對齊裁邊車縫 1cm、下層表領縫份要推送吃針（圖 2-16）。

2. 上片領外圍線整燙：反面整燙時將領外圍縫份燙折向表領（圖 1-12），正面整燙時將領外圍縫線推向裡領，核對左右領尖形狀與尺寸、確認領折線位置。領外圍線整燙好，再整燙翻領捲度，表裡領片要完全貼合。領片依照穿著時翻領立起的狀態，領型翻捲會導致表裡領片有內外厚度差，對齊表領的黑色縫份、將裡領領圍多出的紅色厚度差縫份剪齊（圖 2-16）。

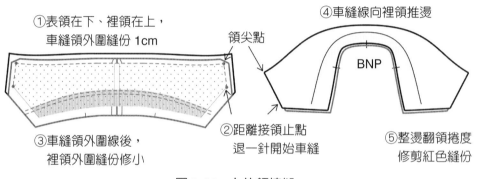

①表領在下、裡領在上，車縫領外圍縫份 1cm
④車縫線向裡領推燙
領尖點
BNP
③車縫領外圍線後，裡領外圍縫份修小
②距離接領止點退一針開始車縫
⑤整燙翻領捲度修剪紅色縫份

圖 2-16　上片領接縫

3. 下片領貼邊與身片縫合：對合刻口接領止點、領尖點、領折止點與衣襬線，貼邊在下、身片在上，從刻口接領止點退一針距離開始車縫。領折止點上下兩側縫份不同，直接對齊裁邊車縫 1cm。車縫後要核對領片刻口左右的尺寸與角度需相同，才能進行縫份厚度修剪與整燙定型（圖 2-17）。

4. 領與身片領圍接縫：表領接縫貼邊、裡領接縫表身，各自對合 BNP、SNP、衣身轉角點與刻口接領止點（圖 2-18）。身片在下、領片在上，衣身片轉角點須剪牙口。縫份燙開時，身片領圍縫份剪牙口、領片縫份燙縮不剪牙口。

5. 固定領圍縫份：對合 BNP、SNP、衣身轉角點，身片領圍在下、領片領圍在上，車縫時維持領圍弧度與領片捲度，不可拉直車縫，車縫線盡量靠近完成線。

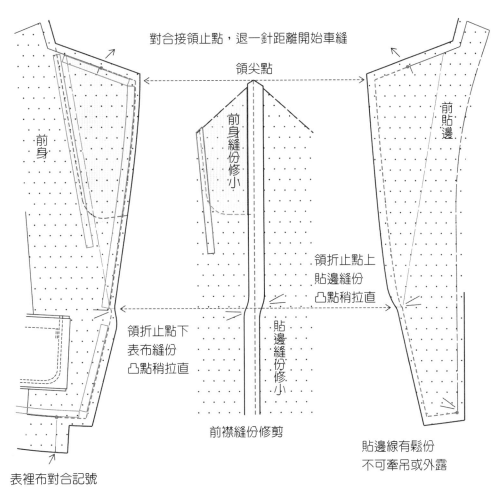

對合接領止點，退一針距離開始車縫

領尖點

前身

前身縫份修小

前貼邊

領折止點上
貼邊縫份
凸點稍拉直

領折止點下
表布縫份
凸點稍拉直

貼邊縫份修小

前襟縫份修剪

貼邊線有鬆份
不可牽吊或外露

表裡布對合記號

圖 2-17　下片領貼邊與身片接縫

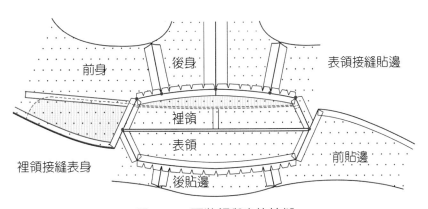

前身

後身

表領接縫貼邊

裡領

表領

裡領接縫表身

前貼邊

後貼邊

圖 2-18　西裝領與身片接縫

十五、背心袖襱製作

　　領子製作整燙完成後，將衣身翻成正面朝外，可平面攤平的狀態，比較容易確認肩線處內裡的鬆度。如果先縫合脇線，環狀的袖襱需分段車縫，對合困難，且不易掌握內裡的鬆度。

　　從衣身正面依內裡鬆度修剪好袖襱縫份後，才將衣身翻至反面進行袖襱表裡縫合。反面整燙從表衣身側整燙袖襱沿完成縫線折燙縫份倒向表衣身，弧線部分縫份若不能燙平，則表、裡布縫份同步剪牙口（圖2-19）。從後衣身分別由左右兩肩拉出前衣身翻成正面，正面整燙從裡衣身側整燙，將袖襱接縫線推向裡衣身。背心縫合袖襱後，才能縫合脇線，表裡脇線各自接縫，縫份燙開後補車袖下處橫向6cm 的開口，以重疊車縫代替回針。

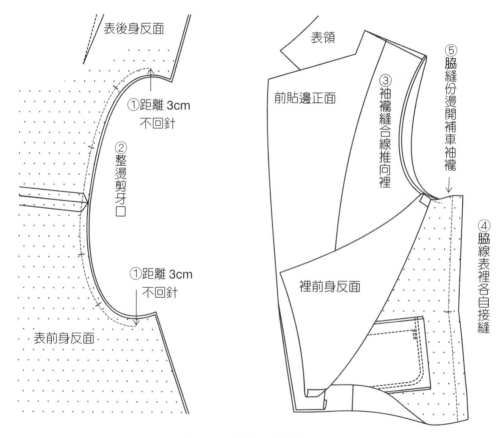

圖 2-19　背心袖襱縫合

十六、表裡固定

表裡布貼邊線縫合後需做內部縫份固定，確認裡布垂墜鬆份量、防止內裡牽吊，從正面對齊表裡布縫線完成狀態以珠針固定（圖 2-20）。

1. 領圍縫份固定：領片領圍縫份燙開（圖 2-18），車縫固定領圍縫份。

2. 脅縫份固定：表脅縫份燙開、裡脅縫份倒後，平行脅線疏縫表裡脅三層縫份。

3. 衣襬縫份固定：表裡襬兩層縫份與襯挑針手縫，正面不可有固定針跡與線痕。

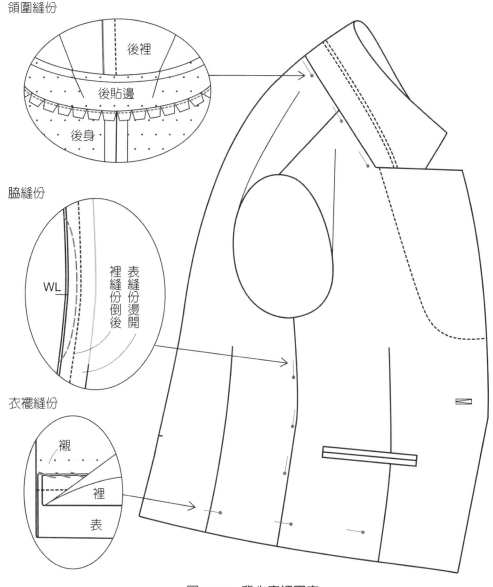

圖 2-20　背心表裡固定

十七、版型設計

　　以圖 2-2 作為基礎版型,進行款式設計變化(圖 2-21)。胸圍鬆份可適度地增加衣寬,一般打版胸圍寬度調整會先加寬後身片。變化衣長平行移動衣襬線,後身將開衩止點隨之移動。前襟衣襬可將角度直接下移或改圓襬,局部變化領尖為圓領。

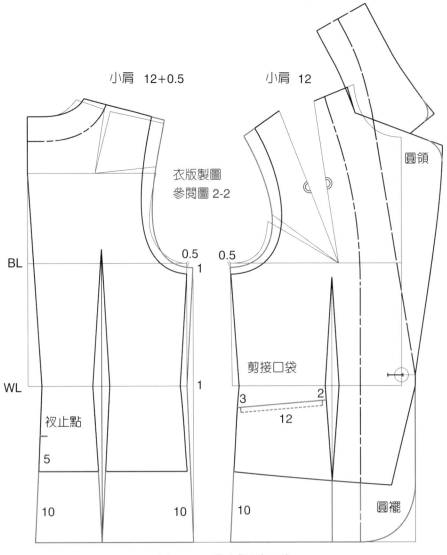

圖 2-21　背心版型設計

直接使用附錄的原寸實物紙型作為基
礎版型，進行版型局部的操作，變化款式
更為容易（圖2-22）。衣長加長時，前身
做剪接口袋設計，可避免脇線斜向耗布。

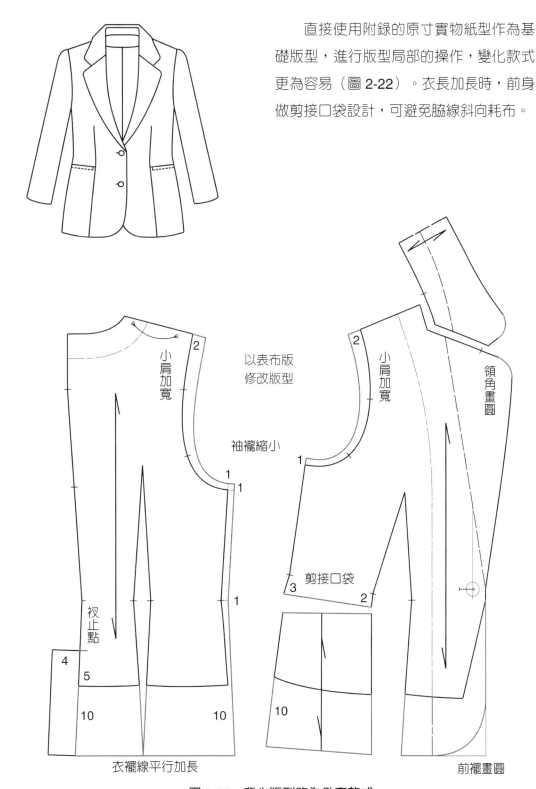

小肩加寬

以表布版
修改版型

袖襱縮小

1
1

2

小肩加寬

領角畫圓

1

剪接口袋

3
2

2

衩止點

4
5

10
10

10

衣襱線平行加長

前襱畫圓

圖2-22　背心版型改為外套款式

變化為接袖款式，採用與圖 3-2 衣身相同的肩寬與袖襱尺寸，就可直接套用袖子版型（圖 3-4）。平行移動袖口線袖長加長，成為長袖款式（圖 2-23）。

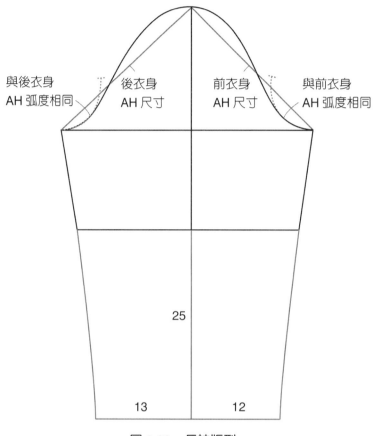

與後衣身 AH 弧度相同　後衣身 AH 尺寸　前衣身 AH 尺寸　與前衣身 AH 弧度相同

25

13　　12

圖 2-23　長袖版型

3

絲瓜領短袖外套

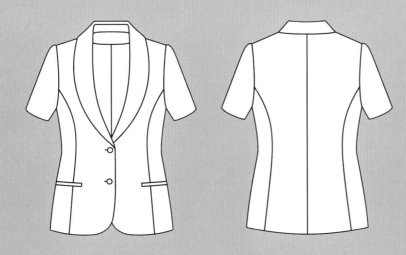

絲瓜領短袖外套款式：身片上裡、一片接袖無裡製作，前後身取派內爾剪接線，前身做單滾邊口袋。前襟疊合方向為穿著者的右身蓋左身，右前中手縫二個鳳眼釦洞、左前中縫釦。

一、用布量

1. 用布量預估以本書所附實物紙型尺寸為範例，與檢定考試所給予的紙型非完全一致，若依自己體型尺寸繪圖，可參酌排版圖自行增減。
2. 用布使用雙幅 4.8 尺布幅寬度 (144cm)：表布長度 4.5 尺 (135cm)、裡布長度 2.5 尺 (75cm)、襯布長度 3 尺 (90cm)。

二、原型褶轉移

1. 後身片肩褶分散為肩縮縫份與袖襱鬆份，是外套常用的褶子轉移處理方式。
2. 前身片胸褶先留出與後身片相同的袖襱鬆份後，再轉移至腰（圖 3-1）。

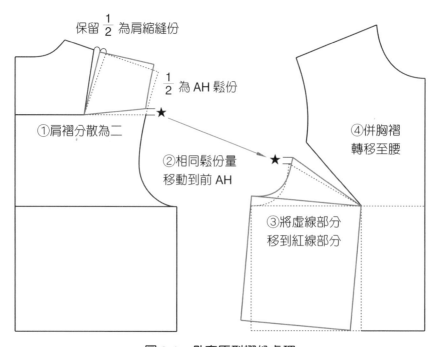

圖 3-1　外套原型褶份處理

三、版型製圖

1. 衣長尺寸取前、後原型腰下加長 21cm（圖 3-2）。

2. 胸圍尺寸以原型為基礎，半件原型鬆份 6cm、後身片胸線加出 1cm 的寬度，整件外套胸圍鬆份量為 14cm，鬆份量可依設計款式需求自行調整。

3. 單滾邊口袋位置參考衣服長度的比例放置於腰圍線下 4cm，口袋開口位置由前身片派內爾剪接線往中心 4cm 定位。

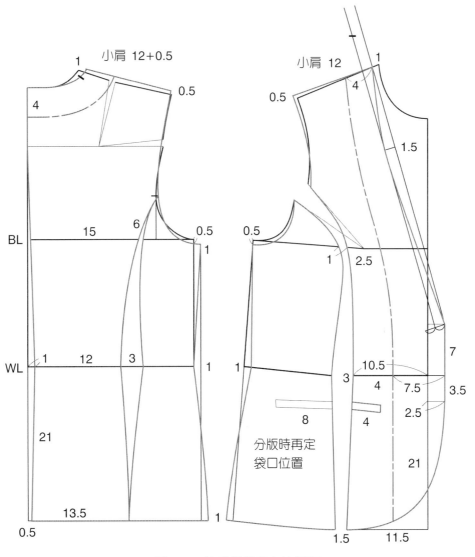

圖 3-2　絲瓜領外套身片製圖

4. 絲瓜領型製作弧形領折線，衣身與領的領圍為對稱弧線，衣身與表領的接縫止點為領折止點，貼邊與裡領的接縫止點為領折止點往上 8cm，表裡領接縫止點錯開可分散縫份厚度（圖 3-3）。

5. 紙型派內爾剪接線合併成為完成狀態後，再將袋口線向脇方向直線延伸繪製口袋開口尺寸，長 12cm、寬 1.2cm，與腰圍線為視覺近似平行的線。

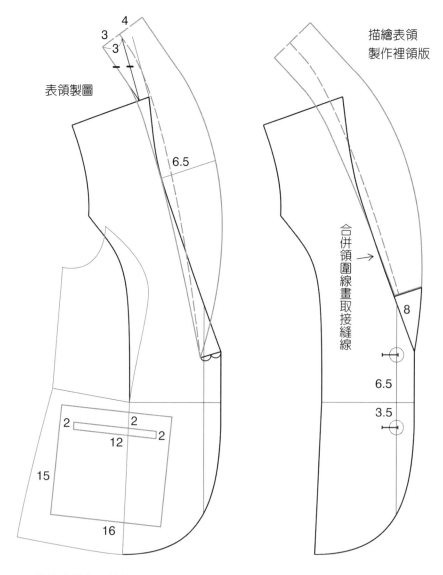

脇片合併後延伸袋口線，
畫出含縫份的袋布

圖 3-3　絲瓜領製圖

6. 袖長尺寸包含袖山高①與袖下長②，以衣身前後袖襱尺寸畫成斜線段長度取袖
   寬尺寸③為袖子袖襱的底線，袖口尺寸④比袖寬尺寸小 2cm（圖 3-4）。

7. 袖子袖襱底線與衣身腋下袖襱為相同曲線弧線，袖寬線的前後袖襱弧度，以衣
   身版型的前袖襱弧度與後袖襱弧度描繪⑤。

8. 袖山須以縮縫的方式做出包覆肩頭的立體空間，袖山頂點的前後袖襱為相同尺
   寸對稱線段⑥。

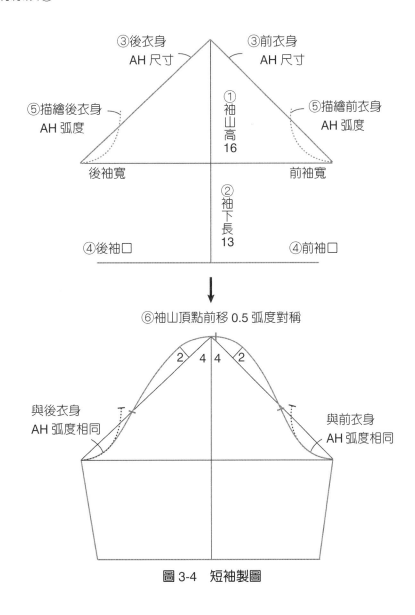

圖 3-4　短袖製圖

四、表布排版

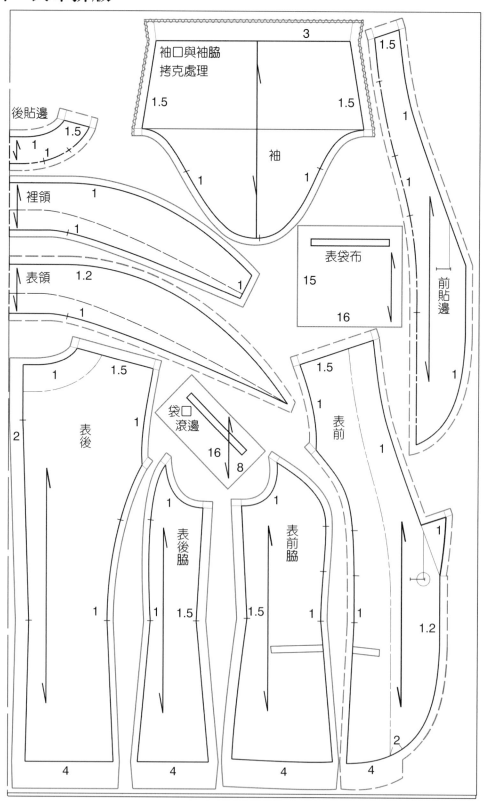

袖口與袖脇
拷克處理

後貼邊

裡領

表領

表後

袋口
滾邊

表後脇

表前脇

表前

前貼邊

表袋布

袖

圖 3-5　絲瓜領外套表布排版

表布版包含貼邊與裡領，虛線裁片可多留縫份粗裁（圖3-5），袋布與袋口滾邊布尺寸依圖3-11製作方法設定。衣身上裡包光製作不需要拷克車縫布邊，袖子不做裡布時袖脇與袖口先拷克車縫布邊。

五、裡布排版

裡布版為表布衣身版扣除貼邊後留縫份，依布料材質、用布量、車縫工序，可選擇後中心裁雙或剪接。柔軟的材質後中心留鬆份取直線折雙裁剪布紋比較穩定，折雙腰下縫份太大易造成牽吊，可在車縫後修小（圖3-6）。布紋穩定的材質後中心依完成曲線裁剪，車縫留鬆份縫合（圖1-12）。

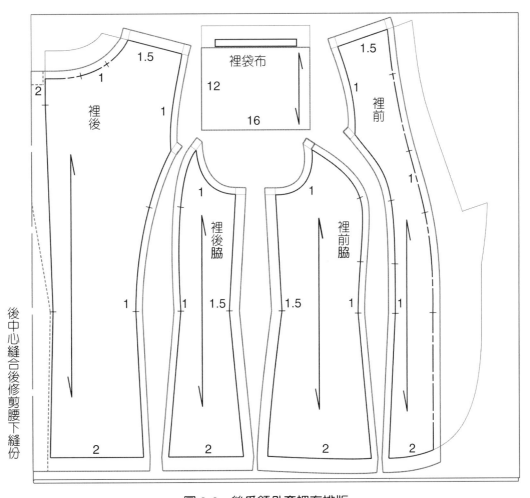

圖3-6　絲瓜領外套裡布排版

六、黏貼襯排版

襯布縫份未標示處與表布相同參考圖 3-5，裡領襯依完成線裁剪不留縫份，避免增加厚度（圖 3-7），細部尺寸與燙貼位置參考圖 3-8。使用 5cm 寬的方格尺裁成正斜襯條，可快速裁出衣襬襯與袖口襯。

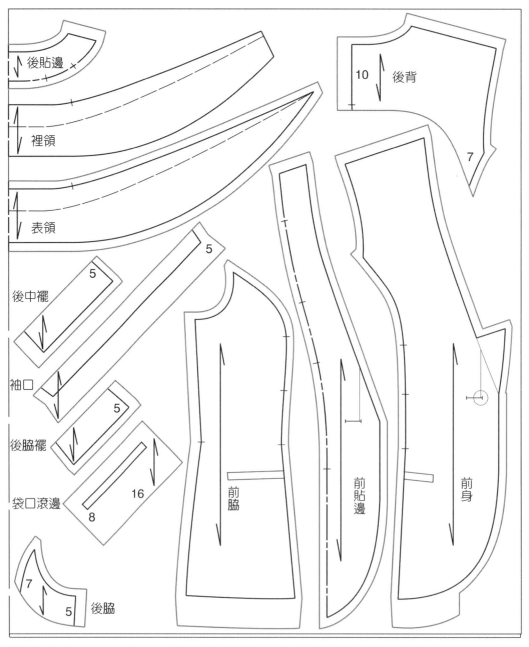

圖 3-7　絲瓜領外套襯布排版

七、黏貼襯位置

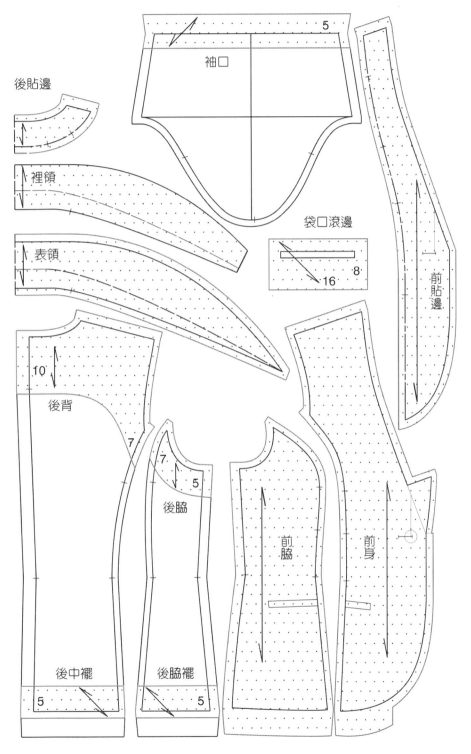

後貼邊

裡領

表領

袖口

5

袋口滾邊

16   8

前貼邊

10

後背

7

7

5

後脇

前脇

前身

後中襯

後脇襯

5

5

圖 3-8　絲瓜領外套貼襯位置

八、車縫順序

依照速縫工程進行製作，可提高工作效率（圖 3-9）。

1. 表布裁剪後，只有袖脇與袖口需要拷克車縫布邊。衣身上袖後，表衣身、裡衣身、袖三層袖襱一起拷克。
2. 口袋、領型刻口、前端衣襱圓弧度⋯⋯皆須左右對稱，核對成品與紙型尺寸相同，才能進行縫份修剪與整燙定型。
3. 衣與袖的袖襱對合記號之間尺寸差為袖山縮縫份，袖山縮縫份量依對合記號分配，處理袖山縮縫量不可出現小褶。

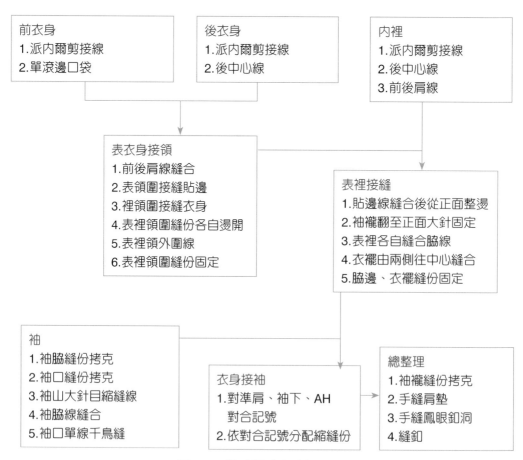

圖 3-9　絲瓜領外套速縫工程

九、牽條位置

衣身領折線與前襟、領外圍線燙牽條，防止製作時部位尺寸的拉伸，衣身與裡領先車合，將縫份燙開後再以牽條壓平縫份（圖3-10）。無彈性的直紋襯燙貼弧度時，需打剪口將牽條重疊或拉開才能燙出彎度。

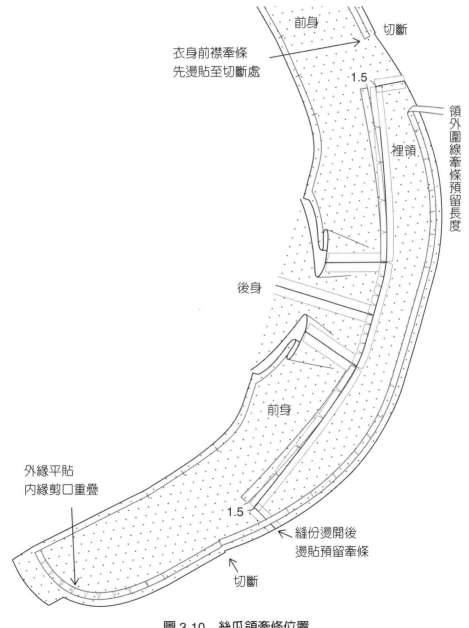

圖3-10　絲瓜領牽條位置

十、單滾邊口袋製作

　　單滾邊口袋採用一片滾邊布車縫，袋口製作、整燙處理方法類似玉緣釦洞，從正面確認袋口滾邊密合，掀開表布做內部縫份車縫固定，兩端縫份折燙整齊，袋口兩側角度才會漂亮（圖 3-11）。

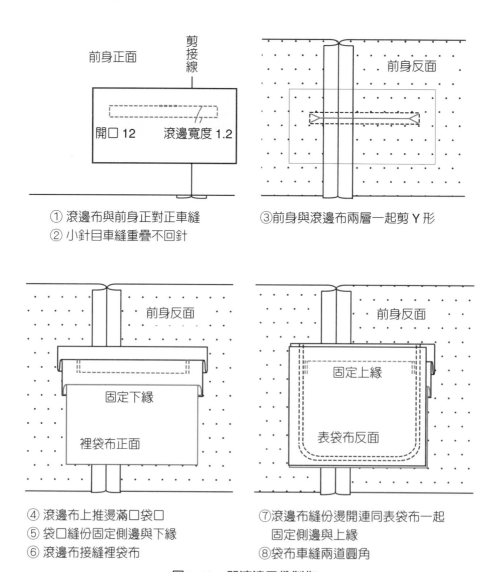

① 滾邊布與前身正對正車縫
② 小針目車縫重疊不回針

③前身與滾邊布兩層一起剪 Y 形

④ 滾邊布上推燙滿口袋口
⑤ 袋口縫份固定側邊與下緣
⑥ 滾邊布接縫裡袋布

⑦滾邊布縫份燙開連同表袋布一起
　固定側邊與上緣
⑧袋布車縫兩道圓角

圖 3-11　單滾邊口袋製作

十一、絲瓜領製作

1. 前身片與裡領接縫，貼邊與表領接縫，對合 BNP、SNP，前身片接領轉角處剪牙口。縫份燙開時，前後身片領圍縫份剪牙口、領片縫份燙縮不剪牙口。

2. 表、裡領外圍縫合，領折止點上下兩側縫份不同，對齊裁邊端車縫 1cm。車縫後要核對左右領片的尺寸與弧度相同，才能進行縫份厚度修剪（圖 3-12）。

3. 領外圍縫份整燙，反面整燙時將領外圍縫份燙折向表領，正面整燙時將領外圍線推向裡領。外圍線整燙好，表裡領片要完全貼合，再整燙翻領捲度。

4. 固定領圍縫份，身片領圍在下、領片領圍在上，車縫線盡量靠近完成線。

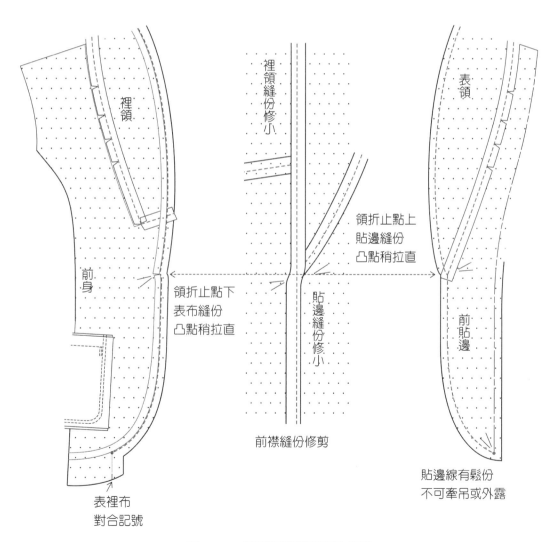

裡領

裡領縫份修小

領折止點上貼邊縫份凸點稍拉直

前身

領折止點下表布縫份凸點稍拉直

貼邊縫份修小

表領

前貼邊

前襟縫份修剪

表裡布對合記號

貼邊線有鬆份不可牽吊或外露

圖 3-12　絲瓜領貼邊與身片接縫

十二、接袖身片縫合

1. 領子製作整燙完成後，表布貼邊與裡布衣身接縫。對合後中心線、肩線、貼邊線對合記號，前中心衣襬處車至距衣襬完成線前 3cm 處回針，縫份倒向裡布（圖 1-13）。

2. 袖襬表裡縫份固定：讓衣身維持平面可攤平的狀態整燙，比較容易控制肩線處內裡的鬆度。袖襬處表裡縫份以大針目車縫固定，脇線裁邊前後不固定需留距離以便車縫脇線。縫合脇線縫份燙開後，可大針車縫補固定線（圖 3-13）。

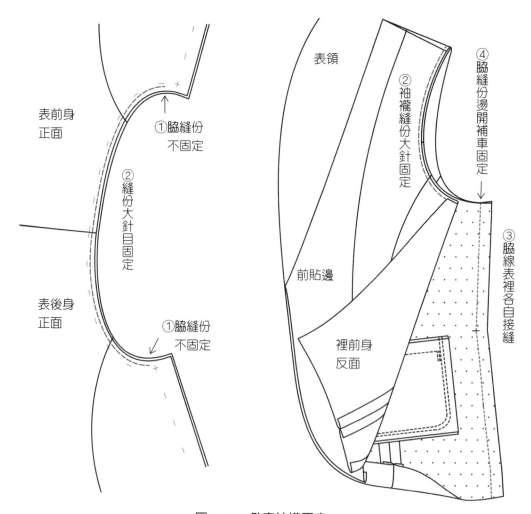

圖 3-13　外套袖襬固定

十三、接袖與半圓形肩墊

1. 袖山縮縫：袖裁片反面朝上，袖襯對合計號以上的袖山縫份，平行裁邊車縫二道線縮縫線可穩定縫份，防止斜紋處拉伸。袖片單層車縫二道大針目的縮縫線，兩端留線尾不回針，一起拉縮上線做出肩頭立體空間（圖 3-14）。

2. 袖脇縫合：依照袖口的反折線縫合脇線，縫份燙開後，折燙袖口縫份。

3. 袖口手縫：以車縫線單線千鳥縫，手縫方向由左向右，針目呈現交叉。

4. 衣袖縫合：衣身表裡兩層一起接袖，衣身表裡與袖三層一起拷克處理袖襯縫份毛邊（圖 3-15）。車縫時衣身在下、袖片在上，袖山頂點對衣身肩線、袖下脇線對衣身脇線、袖子袖襯對合記號對衣身派內爾剪接線。從袖下往肩方向車縫，袖襯底部不回針、車縫重疊 6cm。車縫時平均調整袖山縮份、不可出現小褶。

5. 肩墊位置：接袖使用半圓形肩墊，平面樣式形狀後略尖於前。縫在裡布外時，需以表布或同色系的裡布包裹縫製。肩墊放在裡面，肩線處邊緣對齊袖襯縫份 1cm，從表面用珠針固定肩縫份，弧度與尾端順著衣身服貼固定（圖 3-16）。

6. 肩墊手縫：從裡側以車縫線雙線回針縫，盡量靠近完成線，縫線放鬆維持肩墊厚度。

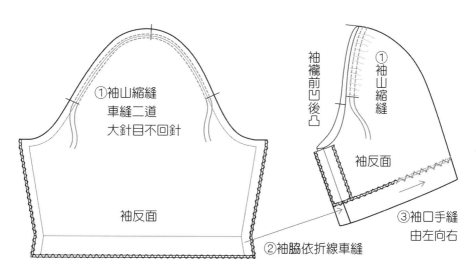

圖 3-14　短袖製作

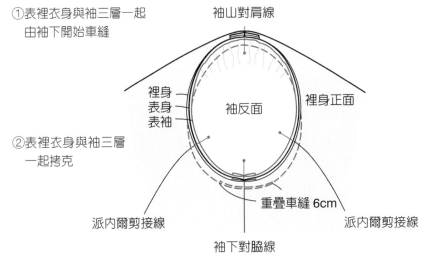

①表裡衣身與袖三層一起
　由袖下開始車縫

袖山對肩線

裡身
表身
表袖

袖反面

裡身正面

②表裡衣身與袖三層
　一起拷克

重疊車縫 6cm

派內爾剪接線

袖下對脇線

派內爾剪接線

圖 3-15　衣袖縫合

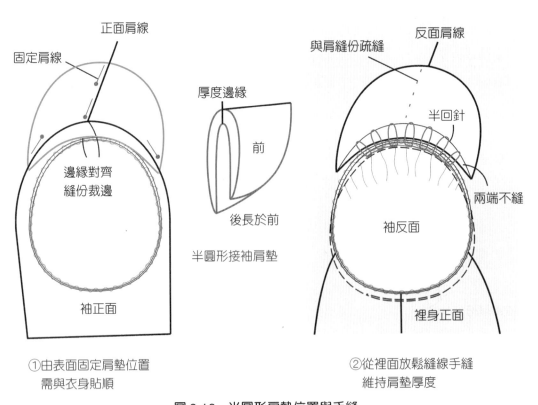

固定肩線

正面肩線

厚度邊緣

與肩縫份疏縫

反面肩線

半回針

前

邊緣對齊
縫份裁邊

後長於前

半圓形接袖肩墊

袖反面

兩端不縫

袖正面

裡身正面

①由表面固定肩墊位置
　需與衣身貼順

②從裡面放鬆縫線手縫
　維持肩墊厚度

圖 3-16　半圓形肩墊位置與手縫

十四、表裡固定

　　表裡布貼邊線縫合後需做內部縫份固定，確認裡布垂墜鬆份量，從正面對齊表裡布縫線完成狀態以珠針固定（圖 3-17）。

1. 領圍縫份燙開車縫固定（圖 2-18），脅縫份疏縫固定，衣襬縫份挑針手縫固定。
2. 袖襱的表、裡、袖三層一起拷克後，肩墊放鬆縫線手縫固定。

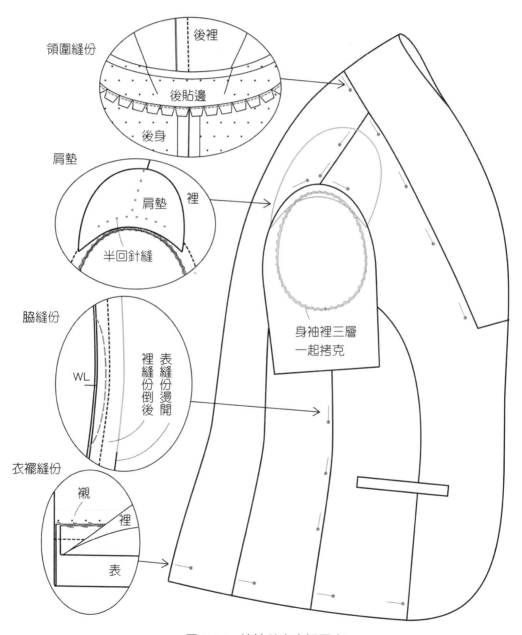

領圍縫份

後裡

後貼邊

後身

肩墊

肩墊　裡

半回針縫

身袖裡三層
一起拷克

脅縫份

WL

裡縫份倒後

表縫份燙開

衣襬縫份

襯

裡

表

圖 3-17　接袖外套表裡固定

十五、手縫鳳眼鈕洞

鳳眼鈕洞使用於有厚度的外套，鈕洞前端剪孔眼可穩定鈕鈕鈕腳，外套扣合後能保持平整。確認右前衣身鈕洞位置，衣身與貼邊兩層一起手縫，鈕洞凸出中心線0.2cm、鈕洞長度尺寸 = 鈕子直徑 + 厚度、鈕洞寬度 0.3～0.4cm。

小針目車縫鈕洞周圍防止布料毛邊綻開，以鈕洞長度尺寸 30 倍的縫線鎖邊手縫，周圍縫線為襯增加鈕洞立體效果。漂亮的手縫鈕洞縫線的張力平均，針目間距密度一致、長度邊緣對齊車縫線、鎖結對齊剪口（圖 3-18）。

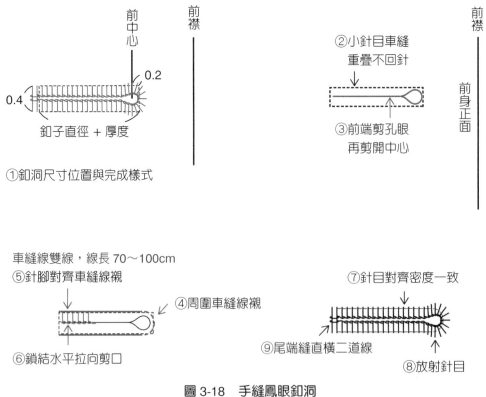

圖 3-18　手縫鳳眼鈕洞

十六、版型設計

　　以圖 3-2 作為基礎版型，進行款式設計變化（圖 3-19）。腰圍鬆份增加可改變外套輪廓，一般打版腰圍輪廓會先調整腰褶份。前襟衣襬可取直襬，局部變化口袋樣式改為雙滾口袋。

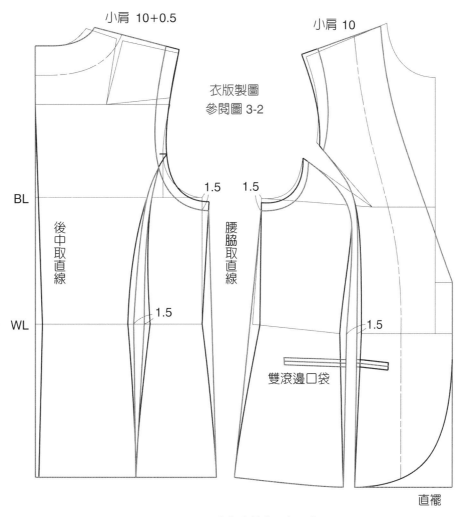

圖 3-19　外套身片版型設計

　　直接使用附錄的原寸實物紙型作為基礎版型，進行版型局部的操作，變化款式更為容易（圖3-20）。配合表布版的改變，裡布與襯布須同步變化，裁片對合記號也須重新核對。

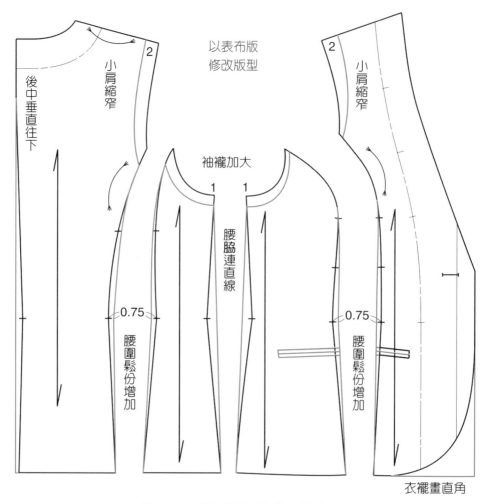

以表布版
修改版型

後中垂直往下

小肩縮窄

2

袖襱加大

1　1

腰脇連直線

0.75

腰圍鬆份增加

小肩縮窄

2

0.75

腰圍鬆份增加

衣襱畫直角

圖 3-20　外套版型改為背心款式

變化領片樣式，將領片放置在衣身翻折狀態，可直接依視覺比例修改領片，例如領片寬度或領外圍線變化（圖3-21）。

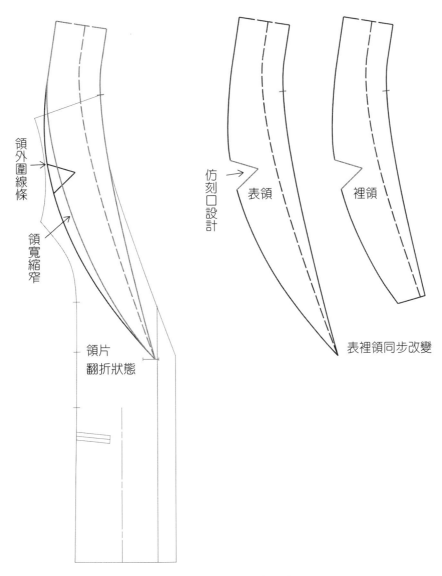

領外圍線條

領寬縮窄

領片
翻折狀態

仿刻口設計

表領

裡領

表裡領同步改變

圖3-21　領片版型設計

4

翻領連袖外套

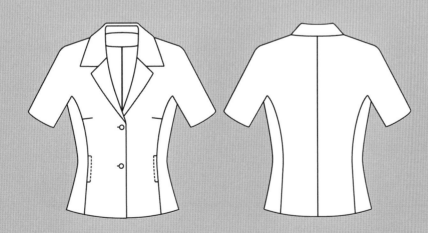

翻領連袖外套款式：短袖、全裡製作，前後身取弧形剪接線，袖下嵌入脅片。
前身剪接線做口袋，右前中製作二個車縫玉緣釦洞或手縫鳳眼釦洞。

一、用布量

1. 用布量預估以本書所附實物紙型尺寸為範例，可參酌排版圖自行增減。
2. 用布使用雙幅 4.8 尺布幅寬度 (144cm)：表布長度 4 尺 (120cm)、裡布長度 3 尺
   (90cm)、襯布長度 2.5 尺 (75cm)。

二、原型褶轉移

肩褶分散為肩縮縫份與袖襱鬆份，畫出脅片後才做胸褶轉移（圖 4-1）。

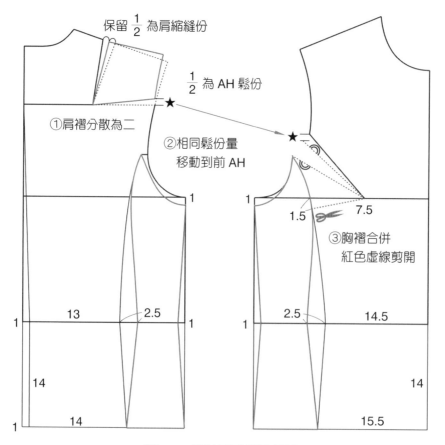

圖 4-1　連袖原型褶份處理

三、版型製圖

1. 衣長取前、後原型腰下加長 14cm，整件外套胸圍鬆份量 12cm（圖 4-1）。

2. 剪接線袋口位置於衣襬線往上 7.5cm，開口尺寸 12.5cm 定位（圖 4-2）。

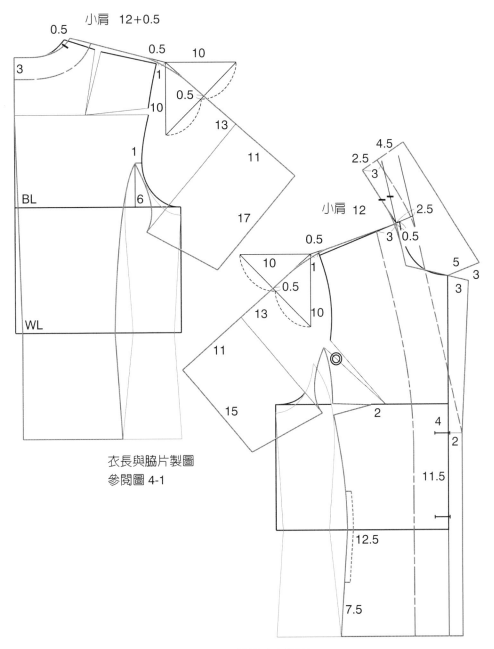

衣長與脇片製圖
參閱圖 4-1

圖 4-2　翻領外套製圖

3. 袖下部分裡布要繞過豎立的表布縫份，繞過豎立縫份的份量約 2.5cm。袖下份量增加，會導致裡布袖襱曲線變緩，重新核對尺寸加回不足份量（圖 4-3）。

4. 袖下縫份從裡布內側車縫固定表裡縫份，在裡布外側距離縫份邊 0.5cm 處星止縫固定（圖 4-18）。固定線為穩定袖下縫份，不可造成表裡布之間的牽扯。

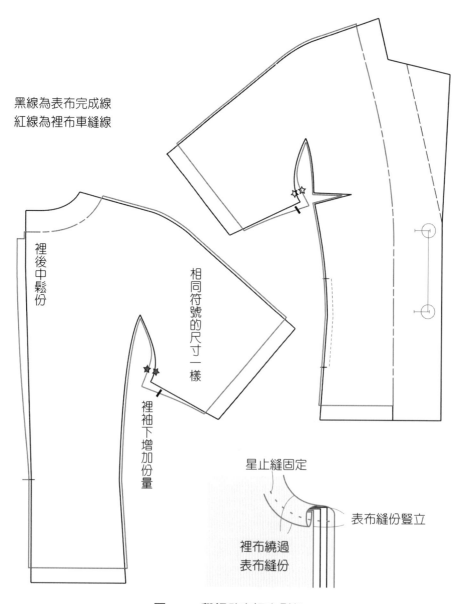

黑線為表布完成線
紅線為裡布車縫線

裡後中鬆份

相同符號的尺寸一樣

裡袖下增加份量

星止縫固定
表布縫份豎立
裡布繞過
表布縫份

圖 4-3　翻領外套裡布鬆份

5. 從剪接線袋口位置往前中心線方向延伸繪製口袋布，袋布尺寸包含縫份長 19cm、寬 13.5cm（圖 4-4）。短版外套口袋袋布長度距離衣襬線 2～3cm，長版外套口袋袋布長度參考手掌或手機比例決定。

6. 表布為薄布料，縫份沒有厚度差，袋布可全裁表布。表布為厚布料，減少縫份厚度，袋布表裡布各裁一片。表布用布量不夠裁剪袋布時，袋布全裁裡布再搭配袋口製作貼邊。

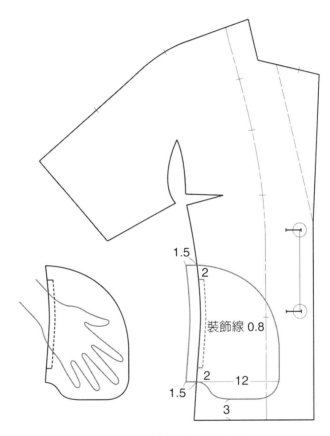

圖 4-4　剪接線口袋版型

四、表布排版

表布版包含貼邊與裡領，虛線裁片可多留縫份粗裁，易毛邊布料的剪接線袋口應多留縫份（圖 4-5），衣身全裡包光製作不需要拷克車縫布邊。

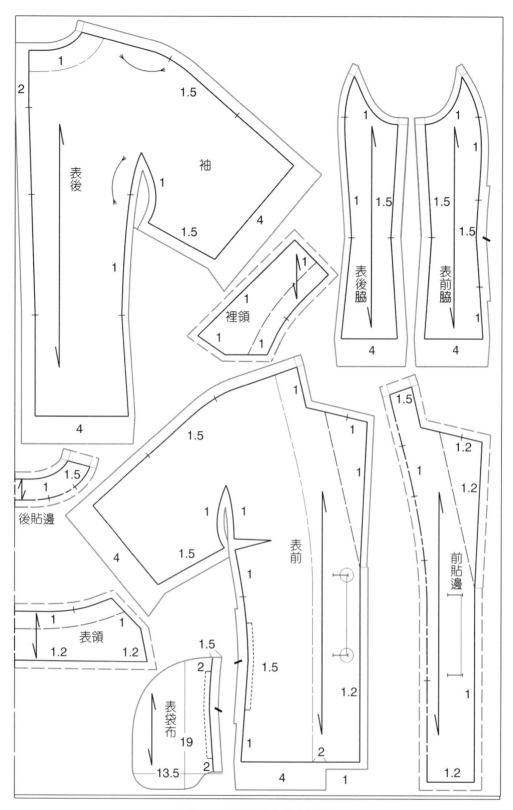

圖 4-5　翻領外套表布排版

五、裡布排版

　　裡布版為表布衣身版扣除貼邊後留縫份，後中心留鬆份取直線折雙裁剪（圖4-6）。裡袖下需留繞過表布豎立的份量，若依完成線車縫不影響尺寸，縫份邊有小缺角亦無妨。袋布尺寸依圖4-15製作方法設定，表裡袋布可粗裁長19cm、寬13.5cm的裁片，口袋車縫完成後再將表裡袋布形狀、縫份修剪一致即可。

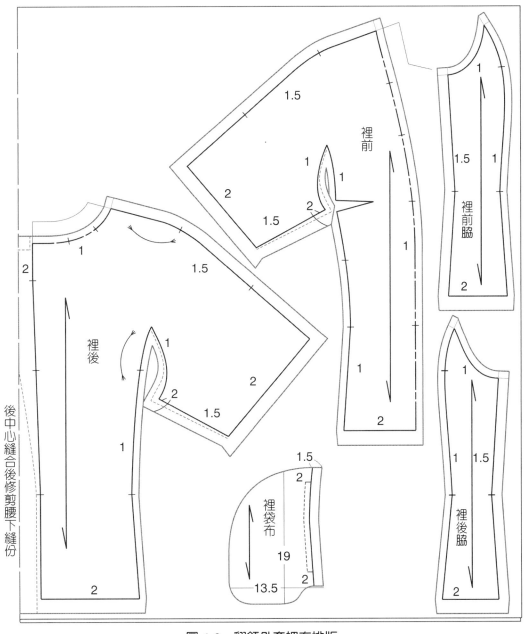

圖4-6　翻領外套裡布排版

六、黏貼襯排版

後背襯與前身襯均涵蓋連袖插角，預防製作時縫份破洞綻開（圖4-7）。袖襱處貼有厚度的襯取曲線，避免表面出現襯布厚度的段差痕跡，若使用無厚度差的薄襯可取直線。

裡領襯與領增襯依完成線裁剪不留縫份，未標示處縫份與表布相同參考圖4-5，細部尺寸與邊貼位置參考圖4-8，領增襯、牽條處理與西裝領相同（圖2-11）。

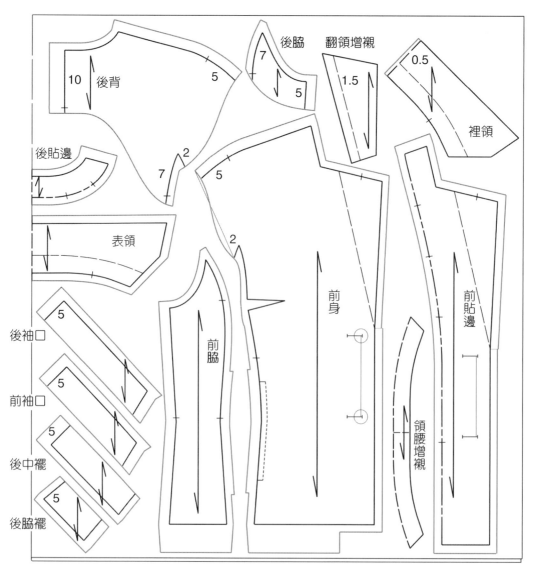

圖4-7　翻領外套襯布排版

七、黏貼襯位置

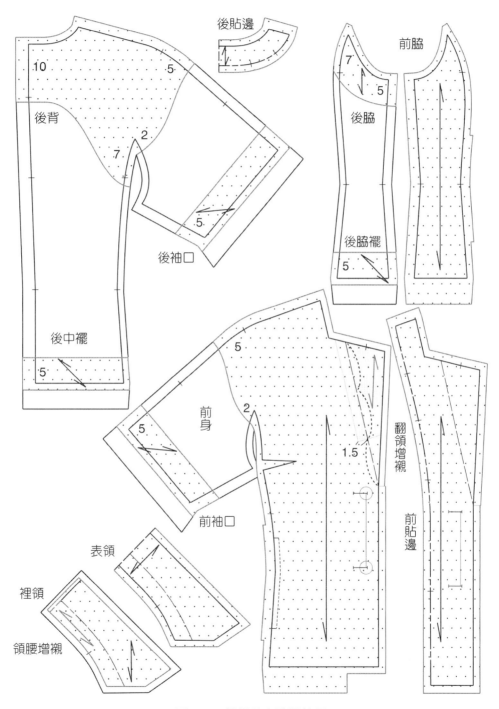

後貼邊

前脇

10

5

後背

後脇

2

7

後袖口

後脇襯

5

後中襯

5

5

前身

2

翻領增襯

5

1.5

前脇口

表領

裡領

領腰增襯

前貼邊

圖 4-8　翻領外套貼襯位置

八、車縫順序

1. 連袖插角接縫：製作時衣身要剪開縫份，縫份量極小，無法重複拆線修改，車縫需對準完成線，不可對齊裁邊。

2. 弧形剪接線與衣袖袖襠接縫，身片在上、脇片在下。表布採分段接縫法，由轉角點為起點分別縫合弧形剪接線與衣袖袖襠，分段車縫轉角點處易掌握不破洞（圖 4-14）。裡布採連續接縫法，弧形剪接線與衣袖袖襠一線縫合，車縫至轉角點剪開縫份必須精準，才能做出漂亮插角（圖 4-12）。

3. 鈕洞依自己熟練的製作方式選擇樣式，車縫玉緣鈕洞要在前衣身製作步驟處理（圖 2-12），手縫鳳眼鈕洞則在總整理製作步驟處理（圖 3-18）。

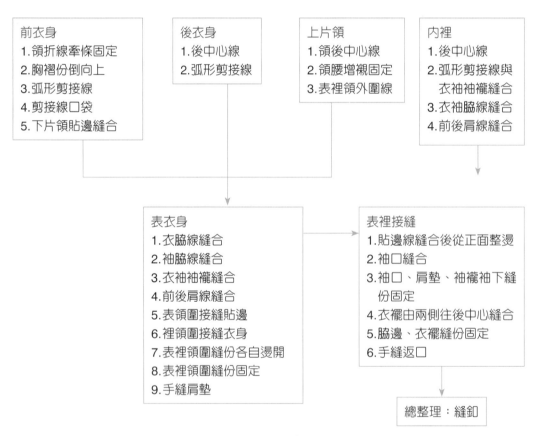

圖 4-9　翻領外套速縫工程

九、連袖插角縫合

1. 袖襱與脅線的接縫順序因款式不同，接袖款式袖下處為蛋形弧線，先接縫脅線、後接縫袖襱；連袖款式袖下處為大弧線，先接縫袖襱、後接縫脅線。背心款式兩種接縫順序皆可，先接縫脅線、後接縫袖襱做出的袖下弧度較為順暢漂亮；用先接縫袖襱、後接縫脅線的工序較簡單，製作快速（圖 4-10）。

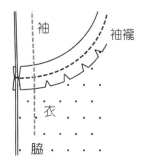

先接縫袖襱、後縫合脅：
①連袖插角連續接縫法
②縫合衣袖袖襱
③衣脅與袖脅一線縫合

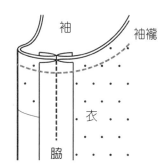

先縫合脅、後接縫袖襱：
①連袖插角分段接縫法
②衣脅與袖脅各自縫合
③縫合衣袖袖襱

圖 4-10　袖下脅線接縫

2. 連袖插角款式：裡布為薄布料採用連續接縫法，衣脅線與袖脅線一線縫合，袖襱縫份倒向袖子、脅線縫份倒向後身，袖下縫份不會牽吊；表布有厚度採用分段接縫法，脅線縫份燙開，袖襱縫份豎立，袖下縫份不會堆疊。

3. 連續接縫法（圖 4-11、圖 4-12）：弧形剪接線與衣袖袖襱連續接縫，從衣襱或袖口開始車縫至插角處，車針定住轉角點，剪開身片袖下縫份做裁片轉向後，再繼續縫合身衣袖袖襱。

4. 分段接縫法（圖 4-13、圖 4-14）：弧形剪接線與衣袖袖襱分段接縫，從轉角點回針 2 針開始往下縫合弧形剪接線縫至衣襱。轉角點回針針數太多會造成厚度，影響插角角度外觀。口袋與下片領製作完成，衣與袖脅線各自縫合後，才將衣袖袖襱縫合。

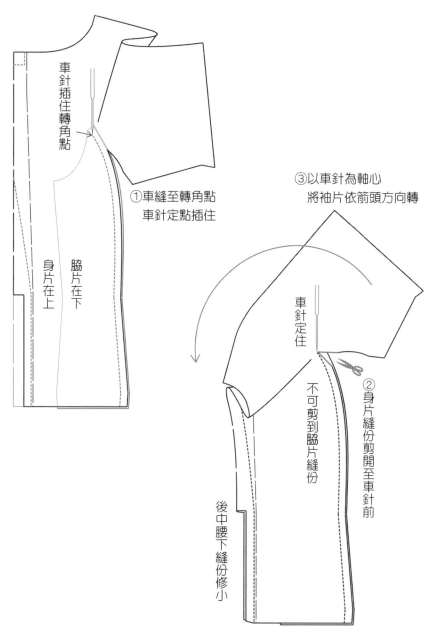

①車縫至轉角點
車針定點插住

車針插住轉角點

身片在上

脇片在下

③以車針為軸心
將袖片依箭頭方向轉

車針定住

②身片縫份剪開至車針前

不可剪到脇片縫份

後中腰下縫份修小

圖 4-11　連袖插角裡布接縫

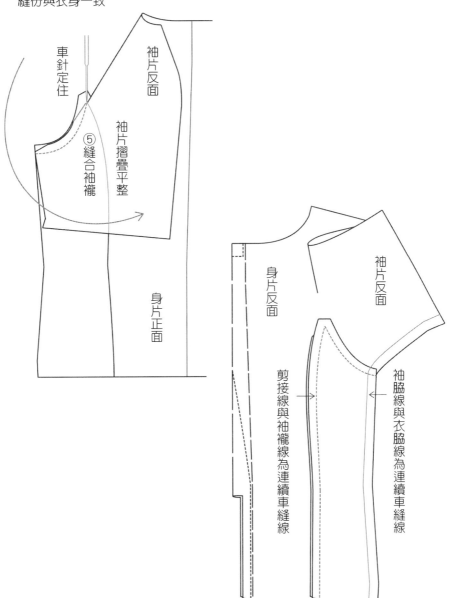

④袖片繼續轉至袖襱
縫份與衣身一致

車針定住

袖片反面

⑤縫合袖襱

袖片摺疊平整

身片正面

身片反面

袖片反面

剪接線與袖襱線為連續車縫線

袖脇線與衣脇線為連續車縫線

圖 4-12　連袖插角連續車縫

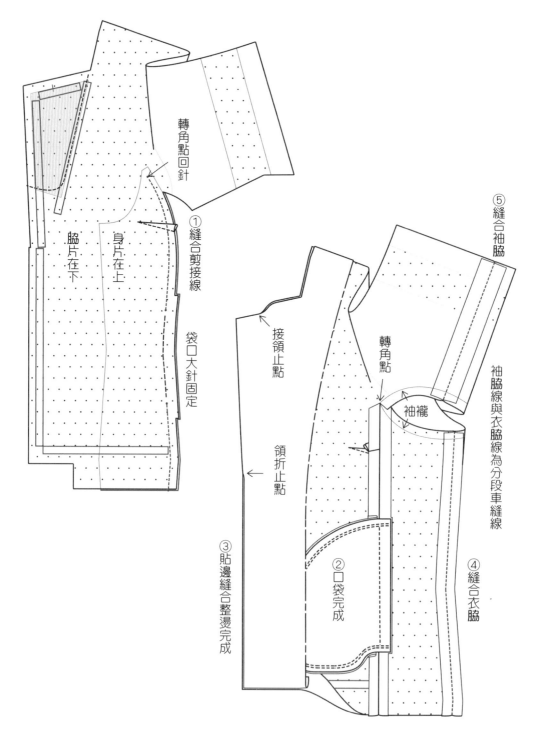

轉角點回針

① 縫合剪接線

脇片在下

身片在上

袋口大針固定

⑤ 縫合袖脇

接領止點

轉角點

袖襱

袖脇線與衣脇線為分段車縫線

領折止點

③ 貼邊縫合整燙完成

② 口袋完成

④ 縫合衣脇

圖 4-13　連袖插角表布接縫

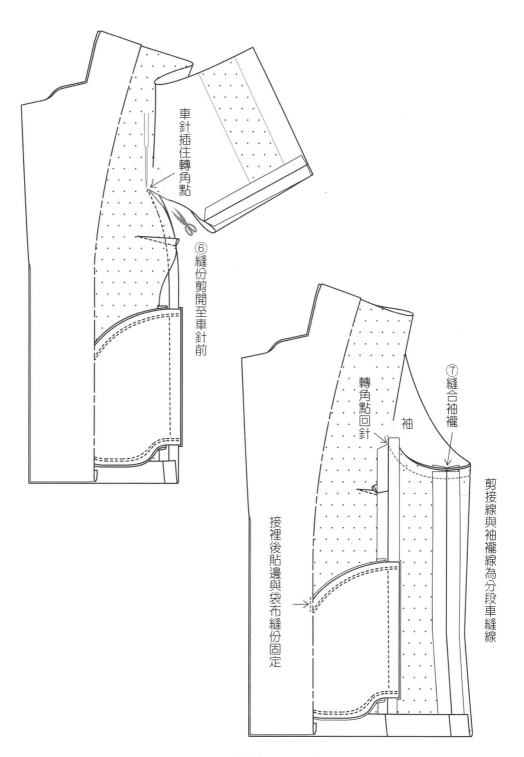

車針插住轉角點

⑥縫份剪開至車針前

接裡後貼邊與袋布縫份固定

轉角點回針

袖

⑦縫合袖襱

剪接線與袖襱線為分段車縫線

圖 4-14　連袖插角分段車縫

十、剪接線口袋製作

　　口袋完成外觀不可看見袋布，袋布僅能接縫在表布縫份，接縫線與完成線保持平行（圖4-15）。袋布往前抵到貼邊縫份處作車縫固定，使袋布有支撐點，置物不會垂墜晃動（圖4-14）。

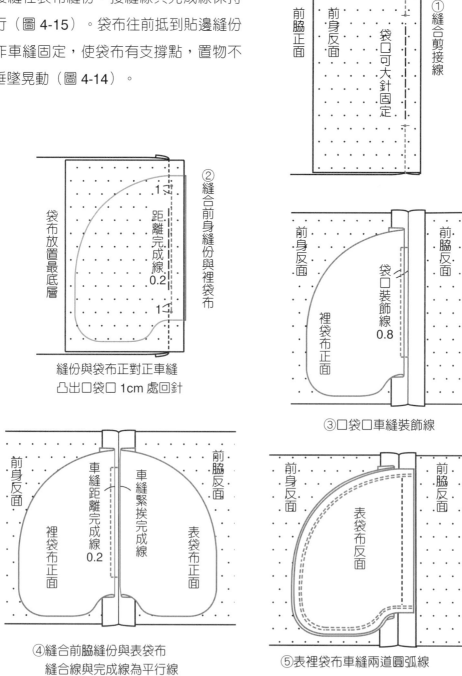

① 縫合剪接線

前脇正面　前身反面　袋口可大針固定

② 縫合前身縫份與裡袋布

袋布放置最底層　距離完成線 0.2　1.4　1.4

縫份與袋布正對正車縫
凸出口袋口 1cm 處回針

③ 口袋口車縫裝飾線

前身反面　前脇反面　裡袋布正面　袋口裝飾線 0.8

④ 縫合前脇縫份與表袋布
　縫合線與完成線為平行線

前身反面　前脇反面　裡袋布正面　表袋布正面　車縫距離完成線 0.2　車縫緊挨完成線

⑤ 表裡袋布車縫兩道圓弧線

前身反面　前脇反面　表袋布反面

圖 4-15　剪接線口袋製作

十一、連袖與弧形肩墊

1. 肩墊位置：連袖使用弧形肩墊，形狀立體，後略尖於前。肩墊中線對齊肩線，肩墊弧度高點凸出肩點，凸出份量為肩墊的厚度。表面用珠針固定肩縫份，弧度與尾端服貼順著衣身（圖4-16）。用珠針固定別好位置後，可將外套穿著在人檯上觀看位置是否恰當，左右肩形態需對稱。

2. 肩墊手縫：縫在表裡布之間，從裡側以車縫線雙線與表布肩線縫份半回針縫，盡量靠近完成線，縫線放鬆維持肩墊厚度。

3. 表裡布的肩部縫份與肩墊分別固定。

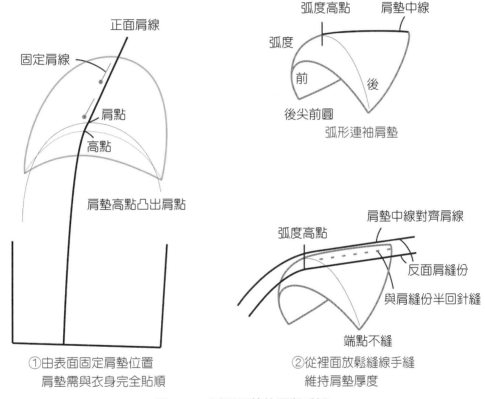

圖4-16　弧形肩墊位置與手縫

十二、袖口表裡縫合

　　袖口接縫裡布時，從袖下對齊表裡布脅線延伸對至袖口，將袖口相套確認袖子完成狀態順暢（圖 4-17）。環圈狀車縫過程，若袖子翻轉可分段車縫。

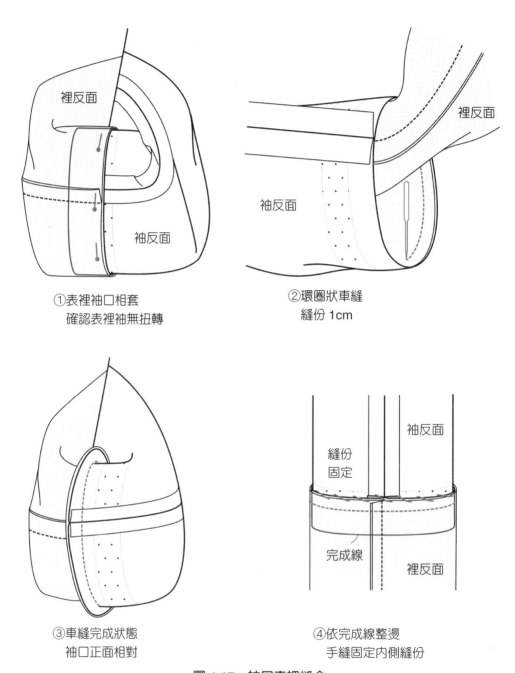

①表裡袖口相套　　　　　②環圈狀車縫
　確認表裡袖無扭轉　　　　縫份 1cm

③車縫完成狀態　　　　　④依完成線整燙
　袖口正面相對　　　　　　手縫固定內側縫份

圖 4-17　袖口表裡縫合

十三、表裡固定

　　表裡布貼邊線縫合後需做內部縫份固定，確認裡布垂墜鬆份量，從正面對齊表裡布縫線完成狀態以珠針固定（圖 4-18）。

1. 領圍縫份燙開（圖 2-18）車縫固定，脅縫份疏縫固定，襬縫份挑針手縫固定。
2. 袖下縫份固定：衣袖裡內側表裡四層縫份車縫固定，外側縫份星止縫固定。

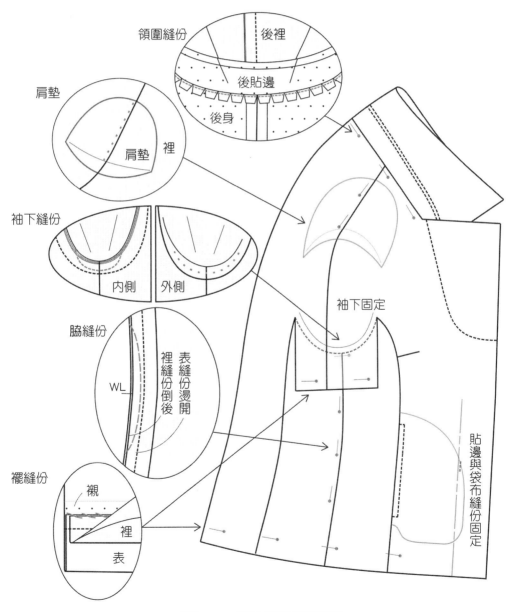

図 4-18　連袖外套表裡固定

十四、版型設計

　　以圖 4-2 作為基礎版型，進行款式設計變化（圖 4-19、圖 4-20）。腰圍與胸圍同寬，腰圍鬆份增加改變為直筒輪廓，平行移動袖口線加長成為長袖款式。長度蓋過臀部的外套需確認臀圍尺寸鬆份是否足夠，臀圍鬆份量可由脇線與剪接線調整。局部變化依整體比例修改領片寬度或刻口樣式，前襟衣襬可取斜襬，口袋樣式改為單滾邊口袋。

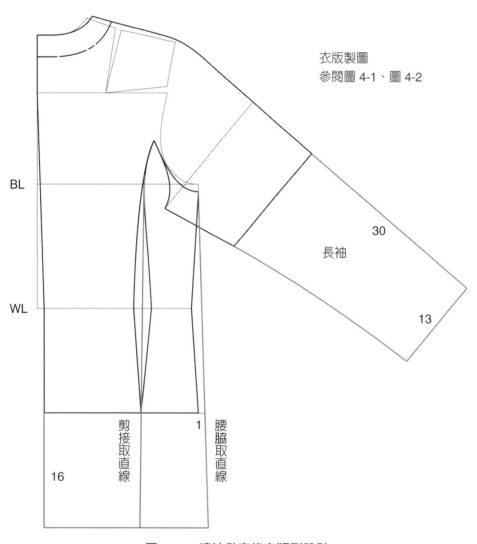

衣版製圖
參閱圖 4-1、圖 4-2

30

長袖

13

剪接取直線

1

腰脇取直線

16

圖 4-19　連袖外套後身版型設計

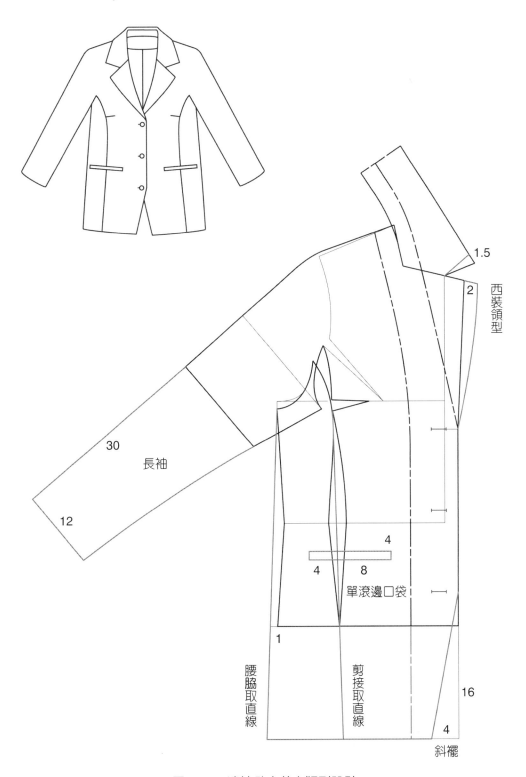

圖 4-20　連袖外套前身版型設計

直接使用附錄的原寸實物紙型作為基礎版型，進行版型局部的操作，變化款式更為容易（圖 4-21、圖 4-22）。配合表布版的改變，裡布與襯布須同步變化，裁片對合記號也須重新核對。

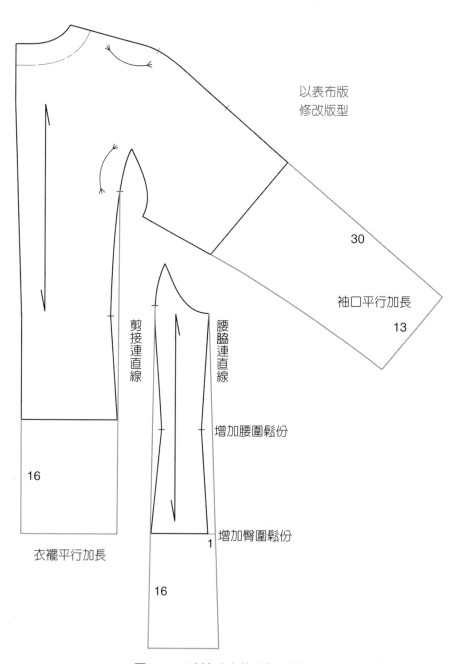

圖 4-21　連袖外套後身版型應用

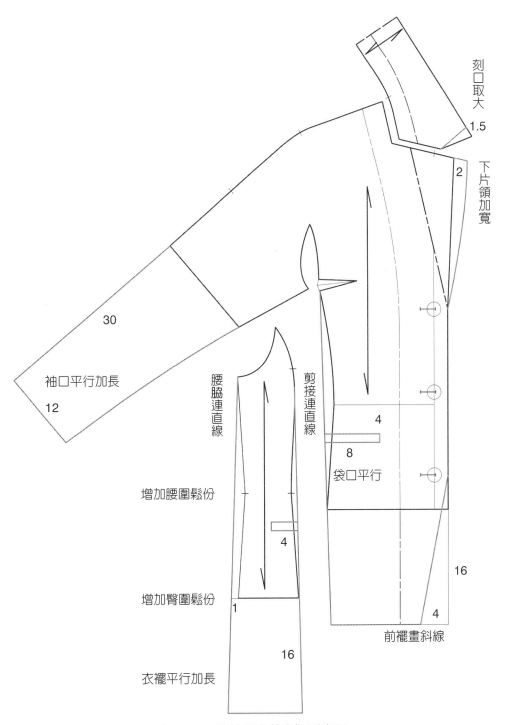

刻口取大

1.5

下片領加寬

2

30

袖口平行加長

12

腰脇連直線

剪接連直線

4

8

袋口平行

增加腰圍鬆份

4

增加臀圍鬆份

1

16

16

4

前襬畫斜線

衣襬平行加長

圖 4-22　連袖外套前身版型應用

參考書目

八角結子(1999)，《實用洋裁手冊15：外套的基本縫法》，台北：雙大出版。

小池千枝(2005)，《文化服裝叢書7：袖子》，台北：雙大出版。

文化出版局(2019)，《誌上‧パターン塾Vol.5：ジャケット&コート編》，東京：文化出版局。

文化服裝學院編(1986)，《文化服裝講座3：婦女服②》，台北：影清出版。

文化服裝學院編(2000)，《服飾造形講座4：ジャケット‧ベスト》，東京：文化出版局。

江森京子(1997)，《文化服裝叢書8：領子》，台北：雙大出版。

夏士敏(2021)，《一點就通的服裝版型筆記》，台北：五南圖書。

附錄　女裝乙級檢定實物紙型

筆記欄

筆記欄

國家圖書館出版品預行編目資料

外套裁剪筆記：附女裝乙級檢定實物紙型／夏
士敏著. －－初版. －－臺北市：五南圖書出
版股份有限公司, 2024.06
　　面；　公分
ISBN 978-626-393-434-4（平裝）

1.CST: 服裝設計

423.2　　　　　　　　　　　113008055

1Y1H

外套裁剪筆記：
附女裝乙級檢定實物紙型

作　　者 — 夏士敏

責任編輯 — 唐　筠

文字校對 — 許馨尹、黃志誠

封面設計 — 姚孝慈

發 行 人 — 楊榮川

總 經 理 — 楊士清

總 編 輯 — 楊秀麗

副總編輯 — 張毓芬

出 版 者 — 五南圖書出版股份有限公司

地　　址：106台北市大安區和平東路二段339號4樓

電　　話：(02)2705-5066　　傳　　真：(02)2706-6100

網　　址：https://www.wunan.com.tw

電子郵件：wunan@wunan.com.tw

劃撥帳號：01068953

戶　　名：五南圖書出版股份有限公司

法律顧問　林勝安律師

出版日期　2024年6月初版一刷

定　　價　新臺幣480元

經典永恆・名著常在

五十週年的獻禮 —— 經典名著文庫

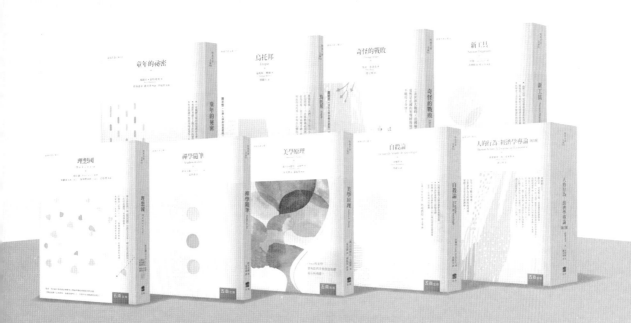

五南，五十年了，半個世紀，人生旅程的一大半，走過來了。

思索著，邁向百年的未來歷程，能為知識界、文化學術界作些什麼？

在速食文化的生態下，有什麼值得讓人雋永品味的？

歷代經典・當今名著，經過時間的洗禮，千錘百鍊，流傳至今，光芒耀人；

不僅使我們能領悟前人的智慧，同時也增深加廣我們思考的深度與視野。

我們決心投入巨資，有計畫的系統梳選，成立「經典名著文庫」，

希望收入古今中外思想性的、充滿睿智與獨見的經典、名著。

這是一項理想性的、永續性的巨大出版工程。

不在意讀者的眾寡，只考慮它的學術價值，力求完整展現先哲思想的軌跡；

為知識界開啟一片智慧之窗，營造一座百花綻放的世界文明公園，

任君遨遊、取菁吸蜜、嘉惠學子！